크루즈 여행
꼭 알아야 할 팁 28가지

크루즈 여행 꼭 알아야 할 팁 28가지

발행일	2018년 6월 8일

지은이	신 재 동
펴낸이	손 형 국
펴낸곳	(주)북랩
편집인	선일영
디자인	이현수, 김민하, 한수희, 김윤주, 허지혜
마케팅	김회란, 박진관

편집	권혁신, 오경진, 최승헌, 최예은, 김경무
제작	박기성, 황동현, 구성우, 정성배

출판등록	2004. 12. 1(제2012-000051호)
주소	서울시 금천구 가산디지털 1로 168, 우림라이온스밸리 B동 B113, 114호
홈페이지	www.book.co.kr
전화번호	(02)2026-5777
팩스	(02)2026-5747

ISBN	979-11-6299-161-9 03980(종이책) 979-11-6299-162-6 05980(전자책)

이 도서의 국립중앙도서관 출판예정도서목록(CIP)은 서지정보유통지원시스템 홈페이지(http://seoji.nl.go.kr)와 국가자료 공동목록시스템(http://www.nl.go.kr/kolisnet)에서 이용하실 수 있습니다.
(CIP제어번호 : CIP2018016755)

(주)북랩 성공출판의 파트너

북랩 홈페이지와 패밀리 사이트에서 다양한 출판 솔루션을 만나 보세요!

홈페이지 book.co.kr • **블로그** blog.naver.com/essaybook • **원고모집** book@book.co.kr

크루즈 여행
꼭 알아야 할 팁 28가지

신재동 지음

잊지 못할 추억을 꿈꾸는 여행자라면 놓쳐서는 안 될 바다 위의 멋과 낭만

저비용으로도 크루즈의 모든 것을 즐길 수 있는
초보 크루즈 여행자를 위한 필수 안내서

북랩 book Lab

　지금까지 크루즈(Cruise Ship) 여행에 관하여 출판된 책을 보면 크루즈 선상에서의 여행보다는 입항해서 관광지를 즐기는 것에 대한 이야기가 대부분이다.

　예를 들어, 7일간의 크루즈 여행이라고 하면 이를 시간 단위로 환산하면 168시간이다. 그중에 육지로 관광을 나가는 시간은 많아 봐야 하루에 6시간씩, 4일간에 불과하다. 즉, 총 여행 시간인 168시간 중의 24시간에 불과한 것이다. 나머지 144시간은 선상에서 보내는 여행이 크루즈 여행이다. 다시 말하면 크루즈 여행은 선상의 생활을 즐기는 것이라고 말할 수 있다.

　이 책은 누구나 다 아는 입항 후의 육지 관광에 대한 내용은 다루지 않았다. 대신 크루즈 여행이 어떤 여행이며, 선상의 어디에서, 어떻게 즐길 것인지를 중점으로 하여 쓴 책이다. 젊은 학생이나 중년 또는 노년의 나이에 처음으로 크루즈 여행을 떠나려고 하는 분에게 어떻게 하면 저렴한 가격으로 크루즈를 즐길 수 있는가에 초점을 맞춰 좋은 정보를 제공하고자 했다.

여행의 즐거움은 오감(五感)으로 즐기는 것이다. 눈으로 보고, 귀로 듣고, 코로 냄새 맡고, 입으로 맛보고, 피부로 느끼는 것이다. 이 모든 정보가 뇌로 집중되어 이해하고, 분석하고, 판단함으로써 여행의 즐거움이 배가 된다.

외국을 여행할 때 네 가지는 자연스럽게 해결되는데, 언어의 문제로 인해 귀로 듣는 문제에서 제동이 걸리는 경우가 많다. 한국어로 해설해 주는 사람이 있으면 문제는 쉽게 해결될 것이다. 그래도 스스로 듣고 이해하는 것에 비교하면 그 즐거움이 반밖에 되지 못한다. 이것은 자신의 뇌가 해야 할 일임에도 불구하고 남이 해석한 내용을 전달받았기 때문이다. 마치 연속극을 직접 보고, 이해하고 즐기는 것이 아니라 남이 보고 이야기해 주는 연속극은 그 즐거움이 반으로 줄어드는 것과 같은 이치다.

그렇다면 귀가 뚫리지 않은 사람은 어떻게 하란 말인가? 이 책은 그 노하우를 가르쳐준다.

공부를 잘하는 학생은 늘 철저히 예습하고 수업시간에도 맨 앞줄에 앉아 선생님의 설명에 귀 기울이며 수업이 끝나도 배운 내용을 스스로 복습한다. 여행도 마찬가지다. 떠나기 전에 예습하고, 설명하는 가이드 앞에서는 설명을 들으면서 녹음을 해 두어야 한다. 돌아온 다음에는 시간이 나는 대로 다시 듣기를 하면, 그때는 상황을 다 파악하고 난 다음이어서 처음 듣던 때와는 달리 쉽게 이해되며 하나하나 짚고 넘어갈 수 있다.

그런가 하면 이런 것도 참조해 볼 필요가 있다.

AI 기술력이 일취월장(日就月將)하는 자동번역기에 관한 내용이다. 동시통역 이어폰의 등장이 그것인데, 이것의 등장으로 인해 통역품질이 높은 수준에까지 이르렀다고 볼 수 있다. 이처럼 인공지능(Artificial Intelligence, AI)의 발달로 번역, 통역 기술도 향상되면서 이제는 인공지능이 '먹는 밤(Chestnuts)'과 '어두운 밤(Night)'까지 구분하는 수준에 이르렀다.

2017년 10월 미국에서 발매된 무선 이어폰 '픽셀 버드(Pixel Buds)'는 한국어를 포함한 40개 언어의 동시통역을 지원한다.

다만 픽셀 버드의 사용을 위해서는 구글(Google) 사(社)의 스마트폰인 '픽셀 2(Pixel 2)'가 필요하다.

예컨대, 픽셀 버드를 귀에 꽂은 사람이 오른쪽 이어폰을 누르며 한국어로 말하면, 픽셀 2의 스피커를 통해 영어로 통역된다. 반대로 상대방이 픽셀 2에 대고 영어로 말하면 픽셀 버드를 통해 한국어가 전달된다.

최근 더 주목받는 동시통역 이어폰은 인터넷포털 회사인 네이버(Naver)가 2018년 1월 전자박람회 CES(The International Consumer Electronics Show)에서 공개해 '최고혁신상'을 받은 동시통역 기능을 탑재한 코드 프리(Code free) 이어폰 제품인 '마스(MARS)'다. 마스는 픽셀 버드와 달리 어떤 스마트폰과도 연동되고, 이어폰을 한쪽씩 나눠 꽂고 서로의 언어로 이야기하면 실시간으로 통역돼 한층 편리하다. 네이버는 연내에 '마스'를 출시할 계획이다.

이렇듯 여행의 즐거움인 오감 중의 4감은 만국이 동일하니까 문제 될 게 없고, 마지막 남은 듣기와 말하기도 자신이 어떻게 하느냐에 따라서 해결할 수 있는 것이다.

나는 미국에서 오래 살았다. 그러다 보니 웬만한 곳은 다 가

보았다. 특히 크루즈 여행은 열 번도 더 다녔다. 캐리비언 크루즈(Caribbean Cruise)도 여러 번 다녀왔다. 알래스카(Alaska) 빙하, 북유럽 발트해(Baltic Sea), 지중해 연안 그리고 파나마 운하(Panama Canal)도 건넜다. 그런데 이 모든 여행이 내 돈 내고 다닌 게 아니면서도 실은 내 돈 내고 다닌 거나 마찬가지라고 할 수 있다.

이 여행들은 나와 같은 직거래 상들을 위해 헌터더그라스(Hunter Douglas Window Fashion) 회사에서 보내주는 것인데, 대신 연말 정산 때 그 비용을 1099(지급 내용을 국세청에 보고하는 양식)로 보내오니 결국은 내 소득에 가산된다. 회사는 선상에서 컨벤션(Convention)을 함으로써 회삿돈을 거의 들이지 않고 대형 컨벤션 장소를 거저먹는 셈이다. 대신 내게 최상의 호화여행을 제공해 주었다.

결국, 나는 연말 보너스를 크루즈 여행으로 받은 셈이다. 여행을 안 간다고 그 비용을 돈으로 환산해서 주는 것도 아니어서 울며 겨자 먹기로 매년 다녀왔다. 그때는 돈으로 받지 못하는 게 아쉬웠는데 지금 와서 생각해 보면 돈은 다 없어져 버릴 수도 있지만, 여행 다녔던 추억은 계속해서 남아있다.

이처럼 그동안 내가 크루즈 여행을 통해 쌓았던 추억과 노하우를 공유하고, 최소한의 비용으로 크루즈 여행을 최대한 즐길 수 있는지, 그 팁(Tip)을 여러분과 공유하고자 하는 것이 이 책의 목적이다. 이 책을 접하시는 모든 분에게 오래도록 좋은 안내서가 되길 희망하며 글을 시작한다.

2018년 5월

신재동

contents

01

크루즈 여행의
정수(精髓, Essence)

인생은 참으로 오묘해서, 지내놓고 보면 잘했다는 생각이 드는가 하면, 아쉬움이 남는 경우도 있다. 쉴 틈도 없이 열심히 일했던 그 많은 날, 고생하며 일어서던 일들은 추억으로 남지 않는다. 대개 짧지만 즐겁게 놀러 갔던 순간만이 아름다운 추억으로 남는다.

그리고 그중에서도 특별한 여행은 잊을 수 없는 추억으로 영원히 기억된다. 크루즈 여행이 바로 그러한 추억거리 중의 하나다.

여기서 크루즈 여행이란 어떤 여행인지 정확히 알고 떠나야 하겠다. 크루즈 여행을 다녀온 사람 중에 어떤 사람은 매우 훌륭하고 유익한 여행이었다고 말하며 다시 가기를 열망하는 사람이 있는가 하면, 어떤 사람은 할 것이 아무것도 없는 지루하고 따분한 여행이었다면서 다시는 안 가겠다고 고개를 흔드는 사람도 있다. 이는 크루즈 여행의 정수를 알지 못하는 데서 오는 현상이다. 크루즈 여행은 여행의 7할을 선상에서 즐기는 여행이다.

크루즈 여행이라고 하면 관광여행을 떠올리는데 반드시 관광만이 여행은 아니다. 여행은 종류가 많아서 관광은 물론이지만, 골프, 배낭, 기차, 승마, 맛집, 리조트 등 다양한 방식으로 즐길 수 있다.

휴가를 즐기는 방법으로는 여행을 떠나는 것과 휴식을 취하는 길이 있다. 여행상품으로는 패키지여행이 있고 개별적으로 떠나는 여행이 있다.

개별적으로 떠나는 여행은 스스로 모든 여정을 짜고 움직여야 하므로 거기서 오는 스트레스를 피할 수 없다. 때로는 여행을 다녀와서 병이 날 정도로 지쳐 떨어지는 경우도 있다.

패키지여행 상품은 정해진 기간 동안 단체로 행동하면서 정해진 스케줄에 맞춰 따라다녀야 한다. 때로는 잠을 설쳐가면서 새벽부터 다녀야 할 때도 있고, 어떤 때는 허겁지겁 끼니를 챙겨 먹어야 하는 때도 있다. 패키지여행 역시 꼭 짜인 여정 속에서 숨돌릴 틈도 없이 가이드를 따라다니다가 집에 오면 며칠은 푹 쉬어야 제정신으로 돌아오기 마련이다. 이런 여행은 휴가를 충전의 기회로 활용하는 게 아니라 업무 때보다 더 고단하고 스트레스에 얽매이게 하기도 한다.

휴가 기간 동안 휴식을 취하는 방법도 다양하다. 클럽 메드(Club Med, 휴양지)나 리조트의 훌륭한 시설에 머물면서 좋은 음식을 즐기고 해변이나 숲속을 거니는 휴식이 있다. 스노클링(Snorkeling)이나 행글라이더(Hang glider) 같은 즐길 거리를 선택할 수도 있고 골프나 테니스로 스트레스를 날려 버리는 방법도 있다. 아니면 개별적으로 자신에게 맞는 휴식처에서 글을 쓴다거나 책을 읽으면서 휴가를 보내는 방법도 있다. 맛을 찾아다니는 여행은 개인이나 단체로 가서 정해진 맛을 즐기는 여행이다. 또는 2박 3일 정도 유명한 호텔에 머물면서 휴식도 취하면서 호강도 하고 맛있는 음식을 즐기기도 한다.

그런 면에서 크루즈 여행은 패키지여행, 맛을 찾아가는 여행, 리조트나 클럽 메드 휴식을 모두 겸한(Combine) 여행상품이다.

크루즈 여행은 명승고적지를 찾아다니는 여행이 아니라 항구를 여행하는 상품이다. 항구 도시는 명승고적지가 될 수도 있고 한적한 시골 마을이 될 수도 있다. 또한, 크루즈가 곧 리조트여서 리조트에서 휴식을 취하다가 입항하면 관광하는 식이다. 즉, 움직이는 리조트인 것이다. 낯선 곳을 다닌다고 해서 매번 가방을 쌌다 풀었다 하는 번거로움 없이 늘 자기 집에 머무는 것 같은 생활을 하다가 관광도 하게 된다. 긴장감과 초조함이 없는 편안하고 느긋한 여행이 크루즈 여행이다. 말로만 듣던 '모든 것이 고급스러운 호화선'인 것이다.

패키지여행이나 개별 여행이 마치 케이팝(Korean Popular Music, K-Pop)과 같은 디지털 여행이라고 한다면 크루즈 여행은 붉은 석양을 등지고 항구와 작별하는, 아쉽고 낭만이 가득한 아날로그 여행에 속한다.

크루즈 여행의 가격이 비싸다고 말하는 사람도 있으나 따져보면 그렇지도 않다. 관광지의 비싼 호텔에 비교하면 크루즈 객실 요금은 상대적으로 저렴하다고 할 수 있다. 또한, 관광지의 비싼 음식과 비교한다면 크루즈 고급 레스토랑의 음식이 오히려 저렴하다. 그리고 관광지역의 공연보다도 훌륭한 공연을 매일 볼 수 있는 곳이 크루즈이기도 하다. 이 모든 것을 합치면 크루즈 여행이 비싸다고 말하는 것은 온당치 못하다.

그뿐만 아니라 크루즈 여행을 잘 연구해 보면 생각보다 저렴한 가격을 얻어낼 수도 있다.

바로 이 책에서 독자 여러분에게 그 방법과 요령을 알려 주고자 한다.

바쁘게 꽉 찬 스케줄에 따라 일하며 생활하던 사람에게 조용하고 쾌적한 바닷가의 리조트나 클럽 메드에서 일주일간 묵으면서 스트레스를 풀라고 한다면 처음에는 갑갑하고 따분해서 힘들어할 것이다. 그러나 시간이 흐르면 조금씩 익숙해지고 긴장감과 초조함이 가시면서 일주일쯤 지나면 스트레스가 다 날아가 버린다.

이와 마찬가지로 크루즈 여행 역시 처음에는 심심하고 따분하다는 생각이 들겠지만, 시간이 흐르면서 적응해 나가다가 수일이 지나면 복잡하고 골치 아픈 모든 일을 다 잊어버리고 스트레스가 풀리면서 편안해진다. 게으르게, 느긋하게 지내면서 마음껏 휴식하는 여행이 크루즈 여행이다. 그뿐만 아니라 세상과 단절된 바다에서 세상 돌아가는 소식을 시끄럽게 전하는 뉴스도 없이 며칠을 지내다 보면, 일상생활을 잊어버리고 순수한 나로 생활하는 경험을 하게 된다.

02

크루즈 라인(Cruise Line)의 종류

크루즈 라인은 수없이 많다. 리버 크루즈 라인(River Cruise Line)까지 합치면 100여 개가 넘는다. 강을 따라 여행하는 리버 크루즈는 북미(North America), 유럽(Europe), 러시아(Russia), 중국(China), 이집트(Egypt)에 있는 대형 강물 줄기를 거슬러 올라가는 크루즈다. 통상적으로 크루즈라고 하면 바다를 항해하는 호화선을 지칭한다. 그중에서도 가장 유명한 대형 크루즈 라인 10개를 꼽는다면 Carnival Cruise Line, Princess Cruises, Holland America Line, Celebrity Cruises, P&O Cruises, MSC Cruises, Norwegian Cruise Line, Royal Caribbean International, AIDA Cruises, Star Cruises 정도를 꼽을 수 있다.

대형 크루즈 라인은 승객이 몇천 명씩 되므로 모든 것이 풍부하고 여유로워 서비스나 혜택도 많다는 장점이 있다.

〈Princess Cruise Line〉

〈Carnival Dream〉

〈Holland America Line〉

〈Norwegian Cruise Line〉

크루즈 라인마다 웹사이트들이 있어서 손쉽게 본인이 원하는 여행 코스와 가격대를 비교할 수 있다. 계절마다 가격에 차이가 있고 코스가 다 다른 데다가 원하는 객실마다 가격에 차이가 있어서 비교·분석하는 데 시간이 걸릴 것이다. 그러나 시간을 투자한 만큼 많은 정보를 얻게 될 것이고 저렴한 가격을 찾아낼 수 있다.

03

크루즈 여행을 예약하면서
주의해야 할 사항

여행을 떠날 때마다 가장 많이 신경 쓰이는 것은 돈이 얼마나 드느냐. 여행 가격을 살펴보다가 저렴한 가격을 대할 때면 기쁘고 행복하다. 크루즈 여행의 가격은 비행기 표 가격처럼 천차만별이다. 객실이 잘 나갈 때는 가격도 비싸고 객실이 남아돌 때는 저렴하다. 성수기와 비수기에 따라서도 다르다. 일반적으로 일찌감치(약 10~12개월 전) 예약하면 적당한 가격에 원하는 객실을 예약할 수 있다. 그러나 예약 기간을 6개월 정도 남겨놓고 객실의 수요가 많으면 오히려 가격이 올라간다. 아니면 예약 기간의 막바지(2~4주 정도를 남겨놓은 시기)에 이르면 팔리지 않은 객실을 떨이로 내놓는 수가 있다. 잘하면 기존 가격의 반 정도 되는 가격으로 예약할 수는 있으나, 원하는 객실은 아닐 것이다. 성수기에는 막판을 기대하기 어렵다. 성수기와 비수기는 휴가철이냐 아니냐로 구분된다.

여행자의 여행 예산은 여행자 자신만이 안다.

한 가지 더 매우 중요한 것은 본인의 여권이 아직 이용 가능한, 즉 살아있는 여권인지 확인해 둘 필요가 있다는 점이다. 적어도 갱신 기간이 6개월은 남아 있어야 유효하다. 미리 준비하고 방문할 나라의 비자(Visa)를 받아두는 것도 좋다.

크루즈 여행을 이용할 때는 해당 회사에서 제공하는 여행 관련 인쇄물이 있기 마련이다. 깨알같이 작은 글씨라도 빼놓지 말고 주의 깊게 살펴보기 바란다. 읽다가 이해가 안 될 경우 주저하지 말고 문의하라. 하나하나가 본인의 경비와 직결되기 때문이다. 예를 들어 'Guarantee cabins'란 정해진 객실이 아니라 어느 객실이 될지 모른다는 의미다. 정부 세금이 포함되었는지, 항구 입항세가 있는지, 본인이 지불한 가격에 모두 포함되었는지 등을 면밀히 확인할 필요가 있다.

04

크루즈 여행에 앞서
알아두어야 할 것

　크루즈 여행을 계획하기 전, 혹은 이미 계획했다면 예약하기 전에 몇 가지 사항을 점검해볼 필요가 있다. 크루즈 여행은 일반 여행과 달라서 적어도 수개월 내지는 일 년 반 전에 예약이 이루어지게 된다. 그만큼 예약 기간이 길다 보니 그사이에 어떤 일이 발생할지 알지 못한다. 그 때문에 예측하고 예비해 두어야 할 부분이 반드시 존재한다.

　또한, 크루즈 여행을 예약했다고 해서 더 이상의 경비가 필요 없는 것은 아니다. 여행하다 보면 가외의 경비가 지출되기 마련인데, 크루즈 여행도 예외는 아니다. 술이나 소다(Soda), 드링크(Drink), 특별한 레스토랑, 스파숍(Spa shop)에서의 마사지, 팁(Tip) 또는 항구에 입항해서 관광하는 투어 같은 부분에 대한 경비는 별도로 준비해야 한다.

살면서 때를 맞추는 것이 매우 중요하다는 것은 이미 다들 알고 있을 것이다. 되도록 연휴나 학교 봄방학 시즌, 여름 방학 시즌, 크리스마스와 새해맞이 같은 특별한 날은 피하는 것이 좋다. 사람이 몰리는 시즌에는 당연히 가격도 올라가기 마련이다.

그리고 자신만을 생각할 것이 아니라 동반자가 누구인지, 동반자의 입장에서 살펴보아야 할 것도 있다. 예를 들어, 동반자가 부모님이라면 노인들이 알아두어야 할 것들, 장애인이라면 장애인이 겪어야 하는 일들, 아동이라면 아동들의 활동 상황 등을 미리 알고 이에 맞춰 준비해야 할 것이다.

인터넷으로 크루즈 라인을 찾아보고 비교·분석할 때는 크루즈 라인만 알아둘 것이 아니라 자신이 승선해야 할 크루즈를 공부해 둘 필요가 있다. 데크(Deck, 갑판)에 수영장이 하나 있는 크루즈도 있고, 둘 있는 크루즈도 있다. 수영장이라고 해도 물이 깊지 않아 무릎이나 배꼽을 조금 넘는 정도의 높이다. 이처럼 해당 크루즈에 어떤 시설들이 있으며 즐길 거리가 무엇인지 미리 점검해 둘 필요가 있다.

크루즈를 타기 위한 곳으로 가는 비행 노선은 어떤지, 비행 경비는 얼마나 드는지도 자세히 알아봐야 한다. 크루즈 객실 중에서 발코니(Balcony)가 있는 객실은 매우 훌륭하다. 그러나 객실 요금도 만만치 않다. 나는 여러 번 발코니가 있는 객실에서 지내봤지만, 실제로 개인 객실에서 발코니에 나가 있는 시간은 별로 많지 않다는 사실을 염두에 둘 필요가 있다. 더 지불한 가격만큼 대가를 기대할 수 있느냐도 따져볼 일이다. 즉, 객실을 정할 때 자신에게 맞는 객실을 선택해야 한다.

한편으로, 크루즈 여행 시에 뱃멀미를 걱정하는 경우도 있는데 크루즈 선박은 기본적으로 80,000~150,000t급의 대형 선박이고 주로 연안을 항해하기 때문에 선체가 크게 요동치지 않는다. 나는 뱃멀미를 몹시 하는 사람인데도 열 번도 더 크루즈 여행을 했지만 한 번도 뱃멀미를 해 본 경험이 없다. 안방처럼 편안하다. 만약 그래도 염려된다면 객실을 내실 중앙으로 정하면 더욱 안전하다.

짐 가방을 꾸릴 때도 유의 사항이 있다. 어느 철에 어느 곳을 여행하느냐에 따라 챙겨야 할 옷이 있기 마련이다. 한 가지 분명한 것은 정장 한 벌을 반드시 챙겨야 한다는 것이다. 크루즈 여행 시에는 정장을 입고 만찬에 참석해야 하는 상황이 있기 마련이다. 남들은 모두 정장을 입었는데 본인만 격식을 차리지 않은 간편한 옷을 입었다면 분위기에 맞지도 않고 왕따 당하는 기분이어서 모처럼의 저녁 식사를 망치고 마는 수가 있다. 정장을 입는 저녁 식사 때는 선장과 같이 사진을 찍는 시간도 있다. 선장뿐만이 아니라 레스토랑에서도 사진사가 사진을 찍어준다. 옷을 잘 차려입은 김에 이곳저곳 다니면서 기념사진을 찍는 커플들도 많다. 지나고 나면 남는 것은 사진뿐이다. 많이 찍었다고 해서 나쁠 것은 없다. 그것도 정장으로 잘 차려입고 찍는다면 오래 두고 봐도 멋진 추억으로 남을 것이다.

05 저렴한 비용으로 크루즈 여행을 즐기는 팁 8가지

크루즈 여행을 떠나는 사람은 누구나 한 번쯤 어떻게 하면 같은 여행을 저렴한 가격으로 다녀올 수 없을까 고민하게 된다. 그냥 쉽게 달라는 대로 모든 비용을 지불하는 사람도 있고 아니면 가장 저렴한 가격을 찾기 위해 이리저리 인터넷 자료를 찾아서 비교·분석할 수도 있다. 일 년 내내 여러 크루즈 여행사가 각기 다른 가격을 내놓고 고객을 유혹하는 것도 사실이다.

크루즈 가격에 관해 가장 많은 질문은 "언제 예약을 해야 가장 저렴한 가격을 끌어낼 수 있는가?"이다. 대부분의 크루즈 여행사는 저렴한 가격에 크루즈를 즐기기 위해서는 예약은 빠르면 빠를수록(약 12~18개월 전) 좋다고 말한다. 그러나 크루즈 여행에 대해 많은 경험이 있는 사람들은 놀랄 만한 이야기를 들려준다. 마감 두 달 전이 되면 놀랄만한 가격이 나온다고 귀띔해 주는 것이다. 그리고 기간 막바지에 이르러 마지막 할인 판매에 다다르면 크루즈 여행사들은 아주 흥미로운 제의를 한다.

그러나 행운은 동전의 양면 같아서 좋은 면이 있으면 나쁜 면도 있기 마련이다.

여러분을 위해 다음의 팁(Tip) 8가지를 말해주고자 하니, 이를 꼼꼼히 살펴보기 바란다.

(1) 예약하기 전에 인터넷을 검색해라

자신이 크루즈 여행사라고 여기고 인터넷으로 크루즈 여행과 관련한 자료를 찾아보면, 어떤 크루즈가 자신에게 맞고 얼마를 지불하면 적당한지 스스로 알게 된다. 또한, 어떻게 하면 저렴한 가격으로 예약할 수 있는지도 터득하게 된다. 그다음부터는 크루즈 광고를 접하면 자연스럽게 정말 저렴한지 아닌지를 판단할 수 있는 능력이 생기고 행동이 민첩해진다.

(2) 바우처 가격을 지불하지 마라

바우처(Voucher, 지급보증전표)에서 보여주는 여행사들의 눈에 번쩍 띄게 화려한 가격은 절대 지불하지 마라. 다만 인기가 높아서 선호하는 여행객이 너무 많은 경우를 제외하고 말이다(물론 그런 경우는 드물다).

또한, 그런 맥락에서 "바우처 가격에서 65%를 삭감해 주겠다."는 선전에 흔들리지 마라. 그것은 에누리가 아니다. 명확하게 원하는 가격에 미치지 못하는 이상 싸다고 말할 수 없다.

(3) 신축성을 발휘하라

크루즈 가격은 비행기 표 가격과 같아서 때에 따라 가격의 편차가 심하다. 시간에 쫓기는 사람은 온전한 가격을 다 내고서라도 반드시 비행기를 타야만 한다. 그러나 크루즈 여행에서 시간적 여유가 많아 시간과 여행 경비를 저울질하는 경우라면, 마지막(출발 2~4주 전)까지 기다려볼 만하다. 마지막까지 기다린다면 미처 팔리지 않은 객실이 저렴한 가격에 나올 것이다. 다만 본인이 원하는 이상적인 형태의 객실은 아닐 확률이 높다. 창문이 없는 내부 객실이라든가 직사각형이 못되고 한 면이 잘려나간 객실일 수도 있다. 물론 이것도 성수기인 여름 휴가철이나 공휴일이 낀 연말을 제외한 경우의 이야기다.

그러나 여기서도 유의할 점이 있다. 크루즈 예약이 늦어지면 승선이나 하선 시 연결되는 비행기 예약 시간이 밭은 관계로 비행기 삯이 비싸다. 결국, 크루즈에서 절약한 돈을 비행기에 지불하는 현상이 벌어질 수도 있으니 이를 유의해야 한다.

(4) 일찍 예약하라

간혹 여행 출발 10~12개월 또는 18개월 이전에 예약하면 승급이나 할인권을 주겠다는 광고가 나올 때가 있다. 이때 이 광고에 따라 선금을 지불하면 승급한 객실을 배정해 주든지 아니면 만찬, 주류, 정박 시 관광 또는 사진 촬영 같은 혜택을 누릴 수도 있다. 그리고 예약률에 따라 같은 여행이더라도 가격이 올라가는 것을 막을 수 있다. 모든 크루즈에는 적은 액수로 환급받을 수 있는 보험 제도가 있어서 예상치 못한 일이 생기거나 마음이 바뀌면 언제든지 비용을 환불받을 수 있다.

(5) 크루즈 산업은 경쟁이 심해서 객실 판매에 골머리를 앓고 있다

크루즈 여행에 있어 이러한 현상은 여행객들에게는 호재다. 어떤 크루즈는 매주 할인 판매를 한다. 인터넷이나 이메일에 크루즈 여행 광고가 홍수를 이루는 것도 고객 유치가 어렵기 때문이다. 더군다나 비수기인 1월에서 3월은 정말 저렴한 가격으로 크루즈 여행을 즐길 기회다. 이 시기에 크루즈 여행사를 이용하면 그들이 숨겨놓았던 비밀 병기를 꺼내 깜짝 놀랄 만한 가격을 제시할 수도 있다.

(6) 가능하면 집과 가까운 곳의 크루즈 출발항을 선택하라

크루즈는 항구 도시에 정박한다. 구태여 비행기를 타고 가서 크루즈에 승선하는 것보다 당일에 육로로 가서 승선한다면 시간과 경비를 줄일 수 있다. 비행기나 호텔 경비를 줄일 수 있다는 것은 당연히 그만큼 경비가 적게 든다는 것이다.

(7) 크루즈를 공짜로 탈 수도 있다

여행사는 항공권 16장을 팔면 한 장은 여행사 몫으로 온다. 몫으로 받은 추가 항공권 한 장이 곧 이익금이다.

크루즈 예약도 16명을 채우면 한 명은 공짜다. 즉, 단체 관광을 모집할 수만 있다면 본인은 공짜로 크루즈 여행을 즐길 수 있다.

또한, 단체 관광은 혜택도 많다. 크루즈 단체 여행 시에는 객실을 승급해 준다든지, 인터넷이나 이동 전화를 공짜로 쓸 수

있게 해 준다든지, 입항하면 관광하는 쿠폰을 준다든지 하는
여러 혜택을 누릴 수 있다. 예를 들어, 저자인 나는 거래하던
헌터더그라스(Hunter Douglas Window Fashion) 회사로부터 매년
크루즈 여행을 이용할 수 있는 혜택을 얻었는데, 해당 회사 또
한 직원들에게 크루즈 여행을 시켜 주면서 컨벤션(Convention)
을 선상에서 개최하는 혜택을 누릴 수 있었다. 중요한 세일즈
회의, 새로 출시한 상품 전시와 숙지도 모두 선상에서 했다. 이
렇듯 회사는 여행 경비를 세금공제 혜택으로 처리하면서 한편
으로 직원들에게 보너스 휴가를 주어 일거양득(一擧兩得)이 되
었다. 단체 여행객을 모은다는 것이 어쩌면 생각보다 쉬울 수
도 있다.

나는 시니어 센터(Senior center, 노인 회관) 회원들 28명이 함께
여행 온 것을 본 적도 있는데, 이 또한 단체여서 혜택을 충분
히 누릴 수 있다.

(8) 크루즈가 거부할 수 없는 가격을 제시할 때도 있다

크루즈 여행에 대해 고려하는 사람 중에는 크루즈 여행을
갈까 말까 망설이는 경우, 여행사를 통해서 가격 정보만 알아
보았을 경우 등 아직 확실하게 마음을 정하지 못한 사람도 종

종 있다. 그러나 의외로 마지막 순간에 거부할 수 없는 제안을 받는 경우도 있다. 크루즈 라인은 어느 여행보다 취소나 날짜 변경 요청이 많다. 그 이유는 일 년 전에 예약하는 시스템 때문이다. 출항 날짜는 가까워졌는데 빈 객실이 늘어나면, 마지막에 이르러서는 거부할 수 없는 가격을 제시하는 크루즈 여행사들도 있다는 사실을 염두에 두기 바란다. 이 같은 할인 판매를 기대할 수 없는 날로는 연휴가 끼어있는 날, 크리스마스와 새해, 봄과 여름 휴가철 등이 있다. 이때는 빈 객실이 없다는 것도 기억해야 한다.

06

크루즈 선박 객실을 선택하면서
주의해야 할 팁 8가지

(1) 이상적인 객실 정하기 1

크루즈 여행에서 최고의 객실은 샌드위치처럼 객실과 객실 사이에 끼어 있는 방이다. 물론 여행을 예약하기 전에 여행자 본인이 직접 배의 평면도를 보고 객실을 정하는 것이 제일 좋은 방법이다.

(2) 이상적인 객실 정하기 2

객실은 잡음으로부터 자유로워야 한다. 댄스클럽이나 극장 근처(위, 아래층 혹은 옆), 스포츠클럽(시도 때도 없이 농구공 튀기는 소음이 들릴 수도 있다), 야외 풀장, 24시간 운영하는 식당, 엔진 소음이 요란하게 들리는 방, 크루즈 직원들이 들락거리는 통로 근처, 아이들을 동반한 객실 근처 등은 피하는 것이 좋다. 잘 못하다가는 밤늦게까지 들려오는 소음 때문에 귀마개가 필요할 수도 있다.

모처럼의 귀중한 휴가, 신혼여행 등을 소음으로 망칠 수는 없다. 만약 이런 상황이 발생한다면 크루즈 직원에게 불만을 호소하고 객실을 옮겨달라고 청원할 수도 있다.

객실을 정하는 데 있어 특히 피해야 할 곳 중 하나는 종업원들이 들락거리는 문이나 통로 근처의 방이다. 이 주변은 24시간 내내 문을 여닫는 소리, 발걸음 소리가 난다. 식당 근처 엘리베이터나 통행량이 많은 곳은 피하는 것이 좋다.

가장 참기 힘든 소음은 배의 엔진 소리다. 엔진 소리는 크루즈 맨 아래층으로 갈수록 심하다.

(3) 여행자의 예산에 맞는 객실이 최고의 객실이다

크루즈 여행을 예약할 때 가장 중요시해야 할 것은 물론 가격이다. 크루즈의 객실은 가격에 따라 스위트룸(Suite), 발코니룸(Balcony), 오션 뷰(Ocean view), 내부 객실(Inside, 인사이드) 등으로 나누어진다.

① 스위트룸은 가장 넓은 크기의 객실로 침실과 거실 그리고

발코니가 따로 있다.

② 발코니룸은 객실과 개인 전용 발코니가 있어서 사람들의 시선을 피해 혼자 일광욕을 즐길 수 있다는 장점이 있다.

③ 오션 뷰는 객실에 창문이 있어 밖을 내다볼 수 있다. 사이즈는 내부 객실과 같거나 조금 넓다.

④ 내부 객실은 가장 작은 크기의 객실로 창문이 없다.

(4) 객실 사이즈는 일률적으로 같은 게 아니다

크루즈 객실의 사이즈는 가격, 장소에 따라 다른데, 보통 일반 객실의 사이즈는 185sq이다. 그러나 114sq 사이즈의 작은 객실도 있다는 사실을 염두에 둘 필요가 있다. 배는 사각형이 아니라 타원형으로 되어 있다. 당연히 배 앞쪽으로 갈수록 그곳에 위치한 객실의 크기는 줄어든다. 배의 형태가 좁아지는 만큼 객실의 크키는 줄어들기 마련이다. 객실을 선택할 때 주의해야 할 점이다. 어떤 크루즈는 발코니를 객실 sq에 포함하는 경우도 있다. 그럴 경우 발코니 사이즈만큼 실제 객실의 사이즈는 줄어든다.

(5) 객실에서 내다볼 수 있는 뷰는 매우 중요하다

최고의 객실은 발코니가 있는 객실이다. 창문만 있는 객실일 경우 때로는 배의 구조적인 문제로 뷰(View, 시야)의 일부를 가리는 수도 있다. 창문이 있되 밖은 보이지 않고 빛만 들어오는 창문도 있다. 창문이 전혀 없는 내부 객실(인사이드)은 그 나름대로 즐길 수 있다. 밤낮이 바뀌어서 낮에 잠을 자야 하는 사람, 아니면 녹화된 연속극을 지참한다든가, 글을 쓰는 작가인 경우 내부 객실도 무방하다. 뱃멀미가 심한 사람은 내부 객실이 가장 덜 흔들리는 면이 있어서 멀미에 도움이 될 수도 있다.

(6) 객실을 정할 때 배의 앞부분과 뒷부분의 객실을 고려해라

객실을 정할 때 배의 앞부분(Forward)과 뒷부분(Afterward, Aft)의 객실을 선택할 수 있는데 가능하면 뒷부분의 객실을 선택하는 것이 좋다. 모든 흥행거리, 즉 극장, 댄스클럽, 식당은 배의 앞부분에 자리 잡고 있기 때문에 객실이 앞쪽에 있으면 시끄러울 수도 있기 때문이다. 뒷부분(Aft)의 객실은 조용하고 쾌적하며 뷰를 온전히 즐길 수 있다.

(7) 객실 예약 시 이용 인원을 파악해라

가족이 함께 여행하는 경우, 가족을 위한 객실이 따로 디자인된 크루즈가 있는가 하면 객실을 터서 넓게 해 주는 크루즈도 있다. 엑스트라 베드(Extra bed)를 벙커 베드로 이용할 수도 있다. 많지는 않지만, 혼자 여행할 경우 싱글을 위한 객실이 있는 경우도 있다. 싱글룸을 예약할 경우 일찍 예약해야지, 까딱하다가는 놓치기 쉽다.

(8) 객실의 편의시설과 서비스는 거의 동일하다

크루즈의 모든 객실에는 객실 청소 담당인 스튜워드(Steward)가 있어서 늘 객실의 청소나 정리정돈을 도맡아 해 준다. 하지만 스위트룸은 더 특별하다. 스위트룸 이용자에게는 여러 가지 특혜가 주어지는데, 무엇이든 먼저 서비스해 주고 스파나 요가도 먼저 이용할 수 있다. 화려한 특수 샤워장과 컨시어지(Concierge, 전용 데스크, 라운지 사용, 선박에서 주는 모든 서비스가 무료, 야외 활동도 무료) 대우를 받는다. 오후 카나페(술안주)도 제공된다.

07

크루즈에
승선하는 방법

크루즈 여행의 승선에 관해서는 대개 출발 2시간 전에 승선하라고 안내된다. 그러나 그보다 더 일찍 승선하는 게 좋다. 승선할 때 이루어지는 과정들은 다음과 같다. 인터넷으로 보내온 바코드가 찍힌 수화물 꼬리표를 비행기 탈 때 짐 부치는 것처럼 가방 손잡이에 부착한다. 크루즈 터미널에 가면 포터(Porter, 짐꾼)들이 있다. 숙련된 포터들은 이미 러게지(Luggage, 수화물)에 부착된 꼬리표를 보고 어디로 갈 짐인지 다 알고 있다. 이 짐들은 서너 시간 뒤에 객실 문 앞으로 배달된다.

중요한 귀중품은 각자 끌고 다니는 가방에 넣는 것이 좋다. 터미널에는 20여 명 정도 되는 수속 담당 직원들이 횡대로 된 테이블에 앉아 대기하고 있다. 이미 여권과 신상 정보는 인터넷으로 모두 입력되었기 때문에 서류만 보여주면 '선상 카드

(Sea pass)'를 발급해 준다.

선상 카드를 받아들고 크루즈로 들어가는 입구에서는 사진사가 기념사진을 찍어 준다. 여러 장 찍어도 좋다. 나중에 사진을 보고 마음에 들면 사고, 안 들면 사지 않으면 그만이니까 구태여 겁먹을 이유가 없다. 여행하는 동안 사진사가 따라다니면서 사진을 찍어주지만, 그때도 매한가지다. 얼마든지 찍고 난 후에 찾아도 그만, 안 찾아도 그만이다. 사진 찍는 기쁨은 공짜이므로 마음껏 누리자.

선상 카드를 발급받고 크루즈 갱웨이(Gangway, 크루즈 승·하선을 위한 연결 통로)를 거쳐 승선하면 그때부터 자신의 객실을 찾아가야 한다. 선상 카드로 객실 문을 열고 들어가면 먼저 귀중품과 여권은 금고에 넣어 보관하는 것을 잊어서는 안 된다.

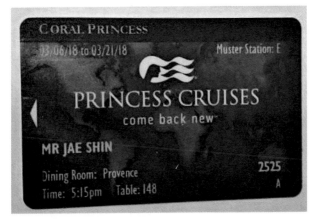

08

선상 카드(Sea pass)의
중요성

〈크루즈 선상 카드〉

선상 카드는 매우 중요하다. 크루즈 선상에서는 선상 카드가
ID, 비자 카드, 객실 열쇠를 대신한다. 선상 카드 우측 상단에
'Muster Station: E'라고 적혀 있는 것은 비상시 집합장소를 의

미한다. 크루즈가 출발하자마자 비상탈출 예행연습을 하는데 그때 모였던 장소가 바로 당신의 'Muster Station'이다.

선상 카드가 비자 카드를 대신하지만, 함부로 쓰는 것은 조심해야 한다. 객실 TV를 통해서 카드 명세서를 볼 수 있으므로 항상 얼마를 썼는지 확인할 필요가 있다. 크루즈 승·하선 시에는 선상 카드로 본인 확인을 하기 때문에 늘 카드를 지참하고 다녀야 한다. 카드 좌측 하단에는 만찬 다이닝 룸(Dining Room)의 위치와 시간, 좌석 번호가 적혀 있다. 이 카드에는 없지만, 드링크 패키지를 구입했다면 패키지 스티커를 붙여준다. 만일 선상 카드를 분실했다면 즉시 메인 데스크에 가서 직원에게 보고하고 새 카드를 발급받아야 한다.

09

크루즈 선상에서
즐기는 방법

우리는 그동안 주입식 교육을 받아와서 그런지 설명을 듣고 이해하는 데 익숙하다. 반면, 미국인들은 설명 없이 책을 통해서 스스로 터득해 가는 교육을 받아와서 그런지 무언가를 읽는 데 익숙하다. 흔히 미국인들이 말하는 "Enjoy yourself(알아서 즐겨라)."가 은연중에 작동하는 것이다.

크루즈에서 배달되는 선상 소식지를 꼼꼼히 읽으면 즐길 거리가 풍부하다는 것을 알 수 있다.

크루즈 여행은 역사와 전통이 있는 초대형 비즈니스 산업이다. 그만큼 그동안 쌓아온 노하우를 통해 수많은 승객이 다채롭게 즐길 수 있는 프로그램을 구성해 놓았다. 크루즈 내의 여러 프로그램을 찾아다니면 그 쏠쏠한 재미를 시간 가는 줄 모르게 즐길 수 있다.

호화롭지 않은 크루즈가 없듯이, 호강하지 않을 까닭이 없다. 눈이 즐겁고, 귀가 즐겁고, 입이 즐겁다.

크루즈 객실로 들어가는 복도를 따라가다 보면 간혹 문에 사인이 붙어 있는 것을 볼 수 있다. 'Happy Birth Day' 사인이 가장 많고, 'Anniversary' 'Celebration' 'Congratulation' 등의 순으로 사인이 붙어 있다. 모두 즐기러 온 사람들이니 즐겁지 아니할 수 없다.

크루즈의 15층은 보통 선데크(Sun deck)라고 해서 하늘이 열려있는 공간이다.

선데크에 올라가면 보이는 것은 망망대해 360도 수평선(水平線)이다. 검은 바다가 보이는 순간도 있다. 그럴 때는 시커먼 바다가 무섭다. 발트해(Baltic Sea)를 항해할 때 바다는 청색이다. 마치 잉크 빛 같은 청색이다. 그러나 북태평양에서 적도를 향해 가는 길은 검은색 바다가 펼쳐진다. 아침에 해가 선수(船首)의 수평선에서 뜨는가 하면, 지는 해는 선미(船尾)의 수평선으로 넘어간다.

크루즈에서는 아침부터 여러 가지 액티비티(Activity, 활동)가

벌어진다. 성경공부반이 있는가 하면 줌바(Zumba) 클래스가 있고, 라인 댄스며 보물찾기가 벌어지는가 하면 센터 콜트에서 피켓볼을 하기도 한다. 브리지(Bridge) 게임이 벌어지고 스트레치 릴리즈 수업도 열린다. 암벽 오르기 수업도 있고 농구와 탁구 같은 구기 종목도 있다. 2시간짜리 영화를 상영하는가 하면 카지노에서 승객들에게 블랙잭을 하라고 5달러짜리 쿠폰을 주기도 한다.

또한, 수술 없는 성형수술을 선보이는가 하면 침술에 관한 세미나도 연다. 빙고 게임이 열리고 보물찾기 당첨자도 뽑는다.

무엇보다 흥미로운 것은 싱글이나 혼자 여행하는 사람들이 한 곳에 모여 열리는 데이트 파트너 찾기다. 이렇듯 오전 액티비티가 끝나고 식사를 즐기면 오후 액티비티 시간이 돌아온다.

사진 세미나, 3D 영화에 대한 설명회, 합창단 모집, 화랑, 전시회, 볼룸(Ballroom) 댄스, 임페리얼 트리오(Imperial Trio)의 연주, 독서 모임, 골프 모임, 척추 통증과 관절을 이겨내는 세미나, 영화 감상, 걷기 세미나, 브리지 게임, 스노우볼, 잭팟, 빙고, 기타 보컬 연주, 승선자 환영 샴페인 파티, 저녁에 야외 수영장에 설치된 대형 스크린에서 상영하는 영화 등. 그리고 댄싱 나잇은 계속 이어지고 밤 문화도 요란하다. 크루즈 내의 극장마다 세계적 수준의 공연이 매일 밤 다채롭게 열린다. 뮤지컬, 버라이어티쇼, 솔로 싱어, 트리오 연주 등 다양한 공연이 크루즈의 밤을 달군다.

신혼여행을 크루즈에서 보내는 커플은 더없이 행복할 것이다. 어떤 커플은 크루즈 선상에서 결혼식을 올리는 경우도 있다(크루즈 내에 결혼 예식장이 있다).

"Good morning." "Hi." "Thank you." 이 문장은 입에 달고 다녀야 한다. 이 말들을 입에 달고 다니면 자연스럽게 상대방에게서 좋은 반응이 오고 여행은 즐거워진다.

한 가지 팁을 주자면, 이곳에서 만난 사람들은 평생 다시는 만날 기회가 없다. 그러므로 구태여 목에 힘을 주거나 창피당할까 봐 겁먹을 이유가 없다.

저녁 식사 후에는 극장마다 흥미로운 쇼가 두 번 연속으로 진행된다. 먼저 하나를 관람하고 다음 극장으로 가도 놓칠 걱정이 없다. 그뿐만이 아니라 라운지나 바에서 4인조 밴드나 악단, 혹은 솔로 가수의 공연이나 연주회가 열린다. 일일이 찾아다니면서 즐기기에도 시간이 모자랄 지경이다.

10

크루즈 내의 레스토랑과
그곳에서 지켜야 할 매너

대형 크루즈 선박들은 대동소이(大同小異)하다. 최근에 경험한 프린세스 코랄(Princess Coral)은 약 2,200여 명의 승객을 수용하는 크루즈인데, 여러 개의 식당을 소유하고 있다. 14층에는 'Horizon Court Buffet'이라는 뷔페가 있다. 가장 인기 있는 뷔페다.

뷔페는 당연히 오만가지 음식을 다 차려놓고 손님을 기다린다. 그러나 뷔페라는 이름과 어울리게, 이곳은 식당치고는 B급에 속한다. 음식도 그렇고 종업원이며 서브하는 매너, 식기 모두 B급이다. 접시(Dish)와 볼(Bowl), 커피잔, 주스 컵 또한 모두 플라스틱 식기들이다. 실버워도 스테인리스이다.

웨이터며 웨이트리스도 필리핀(Philippines)인으로 젊은 초보자들이다. 손님들도 고급스러운 손님보다는 편하게 오는 일반적인 손님들이 대부분이다. 이곳에서는 배가 남산만큼 나온 노동자 유형의 나이 든 사람들이 모여 앉아 배 터지도록 음식을 계속 먹어치우는 광경을 흔히 볼 수 있다. 나는 뷔페에 다녀오면 배가 불러서 잠을 이루지 못하는 경우가 있어서 되도록 뷔페는 피해 다닌다.

취향에 따라 다르겠지만, 아침은 뷔페보다 'Bordeaux Dining Room'에서 먹는 것이 좋다. 다이닝 룸은 고급스러운 분위기에 모든 물품을 미리 차려놓았고 테이블마다 테이블보가 덮여 있다. 식기들도 모두 사기그릇에 커피잔도 그렇고 주스 컵도 유리인 것은 물론이다. 실버워도 비록 도색이긴 하지만 은으로 되어 있다. 그리고 종업원 또한 필리핀인이지만 숙련된 나이 든 웨이트리스가 서브한다.

이곳에서는 아침 식사로 간단하게 계란 프라이에다 베이컨을 즐길 수 있다. 쾌적하고 안락한 분위기 속에서 태평양 수평선을 바라보며 아침 식사를 한다.

크루즈에서 생활하면 일출이 자연스럽게 생활 속으로 묻어든다. 점심과 저녁도 같은 레스토랑에서 서브하지만, 점심으로 채소를 많이 먹어야 하겠기에 뷔페로 가서 샐러드 두 접시로 배를 채웠다.

저녁은 'Provence Dining Room'에서 먹는 것이 좋다.

이곳은 크루즈 선상에서 가장 고급 레스토랑이다. 그날의 메뉴가 식당 문 앞에 붙어 있어서 먼저 읽어보고 먹을 만한지 알아볼 수 있다. 또한, 이곳에서는 반드시 그날의 드레스 코드(Dress cord, 복장 규정)에 맞춰 차려입어야 한다. 선상에서 매일 배달되는 소식지 맨 윗줄에 그날 날씨와 드레스 코드가 적혀 있다. 이런 곳에서는 스마트 캐주얼하게 입는 경우도 있고, 라이트 캐주얼하게 입는 경우도 있다. 그러나 블루 진(Blue jeans, 청바지)은 안 된다.

간혹 그날의 드레스 코드가 정장(Formal)인 날도 있어서 주의 깊게 살펴봐야 한다. 정장을 입는 날은 정식으로 옷을 차려입고 넥타이까지 매야 한다. 이브닝 드레스(Evening dress)에 하이힐을 신은 여자도 많다.

미국인들에게 저녁 만찬은 매우 중요해서 평상시에 집에서도 옷을 차려입고 분위기 있는 레스토랑에 가서 저녁 먹는 것을 큰 이벤트로 생각한다. 남편이 부인을 동반할 경우에는 애정의 표시이기도 하다. 돈이 쏠쏠하게 드는 이벤트여서 자주 벌일 수 있는 것도 아니다. 이렇게 고귀한 이벤트를 매일 저녁 즐길 수 있는 것 역시 크루즈 여행의 장점이다.

⟨Dining Room waitress⟩

이러한 저녁 식사는 당연히 크루즈 예약 시에 저녁 만찬도 같이 예약한 손님만 들어갈 수 있다.

나의 경우에는 저녁 5시 15분, 7시 30분에 시작하는 만찬이 있어서 5시 15분 식사로 예약을 해 놓았다. 이렇게 하면 별도로 부산을 떨 이유가 없다. 선상 카드에 다이닝 룸 번호가 찍혀 있다.

다이닝 룸 예약에서도 여러 가지를 선택할 수 있다. 두 사람만 앉기를 원하느냐, 네 사람이 같이 앉기를 원하느냐, 여러 사람과 어울려 앉기를 원하느냐는 물음에 선택할 수도 있고 승객이 인원을 정할 수도 있다. 장애인일 경우도 있고 아이를 동반하는 경우도 있기 때문에 이러한 선택은 꼭 필요하다.

내가 크루즈 여행을 하면서 매우 잘한 일이 있다면 만찬을 사전 예약해 놓은 일이다. 자리는 예약해 놓은 대로 늘 같은 자리다. 당연히 담당 웨이트리스의 특별대우를 받기 마련이다.

우리 테이블을 담당한 웨이트리스는 멕시코시티(Mexico City)가 고향인 10년 차 베테랑 웨이트리스로 '리리아'라는 이름을 가진 여자다. 그녀는 제주와 부산항에도 갔었다고 말하며 한국을 기억했다.

이곳에서는 웨이터나 웨이트리스들도 고급스러운 복장으로 차려입고 있다. 손님에게는 극진한 대우를 해 준다. 웨이트리스가 극진히 서브하는 까닭은 손님에게 잘해주면 가외의 팁이 생기기 때문이다.

우리 같은 경우, 물론 이미 팁을 지불했기 때문에 별도의 팁을 따로 줄 이유는 없었지만, 잘해줘서 고맙다고 팁을 내놓는 사람도 많다. 나 역시 동부 캐나다 크루즈 여행을 할 때 마침 카지노에서 딴 돈이 있기에 웨이터에게 팁을 두둑이 준 적도 있다.

음식을 주문하기 전에는 웨이트리스에게 음식의 양과 질을 자세히 물어보고 양이 적다 싶으면 다른 메뉴를 더 시켜 놓았다가 먹으면 된다. 다시 말해서 두 사람이 저녁 식사로 세 접시를 시켜도 무관하다는 이야기다. 만족할 때까지 먹어도 된다.

만찬에는 매일 시켜 먹을 수 있는 고정 메뉴가 있다. 칵테일 새우, 샐러드, 구운 연어, 닭 가슴살, 소고기 버거는 고정 메뉴다. 정식 메뉴는 그날그날 다른 특식이 나오기 때문에 충분히 만찬을 즐길 수 있다.

식사 시에는 'Starters, soups & salad' 메뉴를 먼저 시켜 먹는 것이 좋다. 늘 새로운 메뉴가 등장하기 때문에 주의 깊게 살펴보고 새로운 음식을 맛보는 기회로 삼아도 좋다. 스타터로는 달팽이 요리가 나오는 등 날짜별로 다채로운 요리가 제공된다.

내가 먹었던 음식을 사진과 함께 그 예로 소개한다.

⟨Tempura Vegetable Sushi⟩

초밥, 덴푸라에 김치까지 곁들인 음식이다. 메뉴판에 'Tempura Vegetable Sushi'라고 쓰여 있고, 밑에 음식 설명이 달려 있었는데 'rum-wasabi emulsion, Korean kimchi'라고 적혀 있었다. 궁금해서 시켜놓고 보니 기대했던 것과는 달라서 약간 실망하기도 했다. 김밥을 튀김으로 둘러싸고 있는 것을 덴푸라라고 표현했고, 사진 속에 지그재그로 뿌려져 있는 검은 줄은 간장이다. 김치라고 한 조각 놓여 있는 것은 필리핀 사람이 주물러 놓은 배추에 불과했다.

다음으로 'Main'을 주문했다. 이때는 가능하면 먹어보지 못했던 음식을 주문하면 맛도 보고 새로운 경험도 할 수 있다.

내가 먹어본 음식을 예로 들면 다음과 같다.

〈Frog legs with Provencale herb(프로방스 향신료를
가미해서 튀긴 개구리 뒷다리)〉

고기가 매우 연하고 부드러워 씹을 게 없었다. 맛이 밋밋한
데다 프로방스(Provence) 향신료를 넣어 향내가 짙었다. 곁들인
빵도 마늘 빵이어서 마늘 향이 배어 있었다.

〈Spicy alligator fritters(양념 친 악어고기 프리터)〉

악어 고기를 튀긴 음식이다. 맛이 생선 튀긴 것과 비슷했다.

〈Lobster(랍스터)〉

사실 바닷가재는 막상 껍데기를 벗기고 나면 실제로 먹을 수 있는 고기는 얼마 되지 않는다. 마침 그동안 친해진 웨이트리스 '리리아'에게 배가 덜 찼다고 했더니 랍스터 한 접시를 더 갖다 주었다.

그 외에 개별적으로 돈을 내고 이용하는 특별한 레스토랑도 있다. 예를 들어, 이탈리아 레스토랑 'Bayou Cafe & Steakhouse'가 그런 곳이다. 크루즈 내에 이미 맛있는 먹을거리가 지천으로 널려 있는데 누가 돈을 내면서 사 먹는 사람이 있겠는가 하겠지만, 세상은 그렇지 않다. 앞서도 말했지만, 미국인 혹은 유럽인들에게 만찬은 특별한 의미를 지닌다. 아내의 생일이라든지, 결혼기념일처럼 특별한 날에는 늘 먹던 곳보다는 특별한 레스토랑을 찾기 마련이다. 돈보다도 의미에 무게를 두는 관습에서 오는 상황이라고 할 수 있다.

사바티니스(Sabatini's)라는 이탈리안 레스토랑도 있다. 유명한 요리사 안젤로가 본인의 명예를 걸고 북이탈리아식 음식을 제공하는 레스토랑도 있다. 유료인 만큼 음식 맛도 특별하다.

11

팁은 줘야 하나, 말아야 하나?

팁(Tip, 봉사료)에 관한 부분은 크루즈 라인마다 다르다. 어떤 크루즈 라인은 미리 팁을 계산해서 예약과 동시에 지불을 요구하는 라인이 있는가 하면, 나중에 각자 계산해서 내라는 크루즈 라인도 있다.

크루즈에는 다양한 일에 종사하는 여러 승무원이 있다. 승무원들의 서비스를 받은 다음에는 팁을 줘야 한다. 물론 스위트룸은 팁을 별도로 줄 필요가 없다. 그러나 그 외의 객실 여행객은 객실을 담당한 스튜워드나 저녁 식당에서 서브해 주는 웨이터와 보조 웨이터에게는 별도로 팁을 줘야 한다. 집사들은 자신이 담당한 여행객을 위해서 진심으로 봉사하고 있다는 것이 눈에 보인다.

크루즈 예약 시 팁이 포함되어 있지 않았을 경우, 보통 크루즈 여행의 마지막 날이 되면 하루당 팁을 얼마씩으로 계산해서 봉투에 넣어서 주면 된다.

미리 팁을 지불했지만, 나중에 고마워서 팁을 별도로 주는 경우도 있다. 그때는 계산해서 줄 것이 아니라 성의껏 주면 된다. 보통 20~40달러 정도의 비용이다.

나는 최근에 파나마 운하 크루즈 여행을 할 때 팁으로 여행객 1인당 하루에 13.50센트씩 계산해서 예약할 때 미리 지불했다. 그러나 여행이 끝나는 날 그동안 잘해줘서 고맙다는 쪽지와 함께 스튜워드 '매리'와 웨이트리스 '리리아'에게 20달러씩 건네준 일이 있다.

하선해서 육지 관광을 하게 되면 여행 가이드와 버스 기사에게 팁을 줘야 한다. 보통 2~5달러 정도씩 주면 된다. 1달러, 5달러짜리 잔돈은 늘 준비하고 다니면 팁을 제때 주지 못하는 실수를 면할 수 있다. 잔돈이 없을 경우에는 크루즈 메인 데크 로비 데스크에 가서 바꾸면 된다. 그곳에서는 항상 잔돈을 준비하고 있다가 바꿔준다.

12

크루즈 여행을 위한
짐 가방 꾸리기

여행을 떠나기 전에 짐을 꾸리는 것은 노역이 아니라 행복이
다. 여행자에게는 지도를 들여다보며 여행지를 그려보는 시간
이야말로 돈 주고도 살 수 없는 행복한 시간이다.

나의 경우, 크루즈 여행 시에는 간단하게 갈아입을 가벼운
옷, 상비약, 세면도구는 늘 휴대용 가방에 넣고 다닌다. 만일
모든 것이 들어 있는 짐 가방이 늦게 도착할 경우를 대비해서
다. 그뿐만 아니라 카메라, 전자제품, 보석 등 값이 나가는 물
건들은 반드시 짐 가방에 넣지 말고 늘 휴대용 가방에 넣어 다
녀야 한다. 가족이 함께 여행할 경우, 옷을 담는 여행 가방마
다 어른 옷과 아이 옷을 섞어서 담아라. 이렇게 한다면 만일
가방을 하나 잃어버리더라도 어느 정도 대비할 수 있다.

다음은 가방 꾸리기와 관련된 세부적인 팁이다.

(1) 가방은 작고 가벼울수록 좋다

여행할 지역의 기온과 습도를 미리 체크해서 그곳에 맞는 옷을 챙겨야 하고, 작은 우산을 늘 가지고 다니는 것이 좋다.

(2) 크루즈 라인의 복장 규정을 반드시 숙지하라

크루즈 여행 중, 만찬 등 특별한 날의 저녁은 드레스 코드로 정장을 요구하는 때가 있다. 남들은 모두 정장을 입었는데 자신만 그렇지 않다면 마음이 편치 않을 것이다. 그뿐만 아니라 때로는 정장을 입지 않았다면 레스토랑 입장을 허락하지 않는 경우도 있다.

(3) 객실에서 빨래할 생각은 버려라

모든 크루즈는 객실에서의 빨래를 금하고 있다. 대신 세탁소가 있지만, 비용이 비싸므로 가능하면 빨랫감은 집으로 가져가는 것이 좋다.

또한, 크루즈 라인을 잘 살펴보면, 일주일 넘게 여행할 경우에는 객실 층마다 빨래방이 있어서 빨래가 가능하기도 하다. 장기간 여행하다 보면 당연히 빨래가 쌓이고 갈아입을 옷도 없어지게 된다. 그렇다고 비싼 세탁소를 매번 이용하기는 어려운 노릇이다.

여행을 준비하면서 짐을 작게 꾸리다 보면 속옷이나 양말은 우선 덜어놓게 된다. 일주일 이상 여행하는 크루즈에는 객실 층마다 누구나 사용할 수 있는 자가 세탁소가 24시간 열려 있다. 자가 세탁소에는 세탁기와 건조기가 있어서 얼마든지 옷을 빨아 입을 수 있다. 다리미질 등의 전반적인 시설도 완벽하게 갖춰져 있고 가장 좋은 점은 무료라는 사실이다.

(4) 세면도구를 챙겨라

어떤 크루즈 라인은 비누, 샴푸, 헤어드라이어가 없는 경우도 있다. 여행 전에 먼저 체크해서 준비하는 것이 좋다. 또한, 본인만 쓰는 용품이 있다면 반드시 지참해야 한다. 크루즈에 있는 헤어드라이어는 파워가 약해서 까다로운 승객은 자신의 것을 가져가기도 한다.

13

어떤 옷을
가져갈 것인가?

(1) 어떤 옷을 가져가야 할 것인지 미리 알아보아라

유럽을 여행할 경우 대개 짧은 바지나 블루 진(청바지) 입는 것을 허용하지 않는 지역이 많다. 특히 성당이나 성스러운 곳을 방문할 때는 짧은 바지를 입었다면 입장을 거부당할 수도 있다. 캐리비언(Caribbean) 버뮤다(Bermuda)의 경우 이런 복장으로 가면 골프장 입장을 불허한다. 그러나 그렇다고 해서 무더운 날씨에 긴 바지만 입고 다닐 수도 없는 노릇이다. 크루즈 여행 시에는 캐쥬얼(Casual)하게 입는 것을 기본으로 하되, 어디를 방문할 것이냐에 따라 복장을 달리할 필요가 있다. 신발도 구두, 운동화, 등산화 등 종류별로 미리 갖추어 놓는 것이 좋다. 수영복을 갖고 다녀야 물놀이나 스노클링에 참가할 수 있다.

(2) 여행 가방에 여유 공간을 남겨놓아라

대부분의 여행객은 여행을 하다 보면 기념품을 사기 마련이다. 이때 가방에 기념품이 들어갈 여유가 있어야 하므로, 여행 짐을 꾸릴 때는 가방에 미리 어느 정도 여유 공간을 비워놓는 것이 좋다.

(3) 입지도 않을 옷으로 가방을 채우지 마라

만약 이것저것 쓸데없는 용품들로 가방을 많이 싸서 가방 숫자가 늘어나면, 가뜩이나 좁은 객실에 가방을 놓을 공간 확보에 어려움을 겪을 수도 있을뿐더러 비행기에서 요금을 더 내야 할 수도 있다.

크루즈 여행 시에 같은 옷을 두세 번 입었다고 해서, 남들이 이러한 것을 알아보거나 신경 쓰는 것은 아니다. 한 벌의 바지로도 웃옷을 바꿔 입음으로써 얼마든지 새로운 느낌을 낼 수도 있다. 부부간에 네 옷, 내 옷을 더 넣으려고 싸우지 말고 최대한 필요한 물건만 넣어 간단하게 가방을 챙겨라. 관광지에 가면 티셔츠는 얼마든지 싸게 사서 입을 수 있다.

(4) 객실에는 자명종 시계가 없다

만약 알람 등이 필요해서 스마트폰으로 대신하려거든 비행 모드로 바꿔서 이용해라. 그렇지 않을 경우 차후에 로밍 요금이 많이 부과될 수도 있다. 또한, 약, 배터리, 카메라용 메모리 카드, 자외선 차단제, 귀마개 등을 배에서 구입하려면 매우 비싸다는 것을 명심하라.

(5) 신분 증명용 물품은 반드시 휴대하라

크루즈 여행 시에는 만약을 대비해 항상 본인임을 증명할 수 있는 사진이 부착된 서류를 휴대용 가방 혹은 몸에 지니고 다녀라. 절대로 여행 가방에 넣어두지 말아라. 크루즈 여행을 하며 외국에 드나들 때는 항상 비자, 여권(Passport), 크루즈 선상 카드를 지참해야 한다.

14

관광지에서 사고 싶은 것들을
다 사려고 하지 마라

관광지에는 관광객을 상대로 하는 장사꾼이나 기념품이 많다. 장사꾼들은 관광객을 상대로 장사하는 데 이골이 나 있기 때문에 그들의 말을 그대로 들어주다가는 그들의 의도에 넘어가기에 십상이다. 누구나 관광지에서는 좋다고 생각해서 물건을 사거나 평생 한 번일지도 모를 크루즈 여행을 기념하기 위해 기념품을 샀지만, 집에 와 보면 쓸모없는 물건이었던 것을 한 번쯤 경험해봤을 것이다.

관광지에서는 눈으로 즐기고 맛이나 보면서 이런 세상도 있구나 하고 그냥 넘어가면 된다. 여행지에서 돈은 쓰려고 들면 한도 끝도 없지만, 안 쓰려고 들면 돈을 많이 쓰지 않고도 충분히 남들만큼 즐길 수 있다. 그러면 어떤 것이 진정한 기념이 될 것인가. 크루즈 여행 시, 기념이나 추억으로 남을만한 것들을 소개해 보고자 한다.

첫 번째로, 매일 선상에서 진행되는 프로그램을 스크랩하는 것이 좋다. 매일 객실로 전해주는 소식지를 꼼꼼히 읽고 그날의 행사에 참석하면 좋은 추억이 될 것이다. 크루즈 여행을 다녀오면 지인으로부터 크루즈에서 뭐 했느냐는 질문을 받을 때가 종종 있다. 이때 스크랩해 놓은 것을 바탕으로 기억을 떠올리면 자세히 이야기해 줄 수 있다. 또한, 사진만큼 귀중한 추억거리도 없다. 사진을 위해서 꼭 카메라가 있어야 하는 것도 아니다. 요새는 스마트폰으로도 얼마든지 좋은 사진을 찍을 수 있다. 앞서 말했듯이 크루즈에는 전문 사진사가 있어서 내가 다니는 곳마다 나타나 사진을 찍어주기도 하고, 특별히 어느 장소에서 찍어달라고 주문하면 그것도 가능하다. 크루즈에서는 그날그날 포토 갤러리(Photo gallery)에서 사진 전시회를 여는데, 만약 필요하다면 이곳에서 내 사진을 찾아 구입하면 된다. 물론 구입하지 않아도 그만이다.

그리고 크루즈에는 선상 상점이 있어서 기념품도 팔고 티셔츠나 머그잔 등의 물품도 판매한다. 특히 이곳에서는 고가품을 면세로 살 수 있어서 가격이 저렴하다.

만약 특별한 기념품이 필요하다면, 지역 특산품이 가장 좋다. 예를 들어, 자메이카(Jamaica)에 가면 럼(Rum)이나 블루마운틴 커피(Blue Mountain Coffee)가 유명하고, 알래스카(Alaska)에서는 에스키모 여성들이 사용하는 활 모양으로 굽은 작은 칼 '울루(Ulu)', 프랑스에서는 라벤더(Lavender) 향수나 비누를 사 오면 그 물건을 볼 때마다 추억이 떠오를 것이다. 케이맨 제도(Cayman Islands)에서는 럼으로 만든 케이크인 '캐리비언 럼 케이크(Caribbean rum cake)'가 유명하고, 쿠바(Cuba)산 시가(Cigar)는 귀한 상품으로 가격도 적당해서 선물하기에도 좋다. 또한, 현지인이 만드는 조각품도 귀한 선물이 될 수 있다. 그것도 당신이 보는 앞에서 그렸다거나 만들었다면, 그보다 귀한 추억거리는 없을 것이다.

크루즈 여행 시에 때로는 과도한 일광욕으로 피부가 검게 타버릴 수도 있다. 그 때문에 모자와 선글라스는 필수다. 소매가 긴 옷을 챙겨가는 것도 현명한 방법이다.

그리고 크루즈에서 가장 큰 선물은 체중 증가라고 하겠다. 잘먹고 편히 쉬다 보면 자연스럽게 체중이 늘기 마련이다. 몸무게를 재는 저울이 있는 것도 아니어서 자신도 모르게 체중이 늘어난다. 이를 예방하기 위해서는 많이 걷는 것이 상책이다. 아침, 저녁으로 걷기는 물론이거니와, 이동 시에는 엘리베이터를 사용하지 말고 계단을 이용할 것을 권한다.

어떤 관광지에서는 지역 상인들이 불미스러운 상술을 벌일 때가 있다. 예를 들어, 당신의 이름을 알아낸 다음 이름을 조각물에 새겨놓고 유명한 조각가가 당신을 위해서 만든 작품이라고 강매하는 경우가 있다. 만약 이를 거부하면 화를 내면서 따라온다. 이럴 경우 이 물건을 사야 한다는 의무감을 느낄 필요는 전혀 없다. 항구 경비원에게 연락하면 된다.

15

크루즈 선상에서 돈을 절약할 수 있는 팁 9가지

크루즈 여행 시에 돈을 최대한 아끼며 즐길 수 있는 방법을 이야기하자면 크루즈 선상에서 돈을 절약할 수 있는 방법을 빼놓으면 안 된다.

크루즈 여행에서 처음에 지불한 비용에는 객실과 식사, 스낵, 과외 활동, 오락과 여흥에 대한 비용이 포함되어 있다. 그러나 개인 선택(Option)은 별도로 비용을 지불해야 한다. 해당 비용은 선상에서 발급받은 선상 카드로 결제 가능하며, 결제 후에는 하선 시에 계산서를 받게 된다. 선상에서 옵션으로 이용 가능한 것들은 스파숍, 헤어살롱(Hair salon) 등에서 마사지를 받는다거나 특별 식당에서 프랑스식 만찬, 바나 라운지에서 술을 마시는 것 등이 있다. 이를 이용하면 선상 카드로 비용을 결제해야 한다. 인터넷 사용을 신청하거나 사진사가 찍어준 기념사진을 찾을 때도 선상 카드로 결제해야 한다. 이처럼 크루즈 여행에서는 항상 이런저런 가외의 경비가 발생한다는 것을 미리 염두에 둬야 한다.

그 때문에, 크루즈 여행을 하며 지갑을 분명히 닫으려면 공짜 쇼를 즐기고, 수영장 근처 라운지를 사용하고, 정해진 식당에서 식사하고, 뷔페도 이용하고, 아이스티를 마시면서 크루즈를 이용하면 된다. 이렇게 즐겨도 크루즈 여행을 즐기기에는 충분하다.

하지만 돈을 특별히 많이 들이지 않고도 돈을 내야만 하는 것들을 즐길 수 있는 여러 가지 방법이 있다. 그 방법은 다음과 같다. 매일 발행하는 선상 소식지를 자세히 살펴보면 스페셜 딜(Deal)이 있기 마련이다. 가끔 스페셜 딜이 기재되는 여러 가지 팁을 살펴보자.

(1) 레스토랑 이용 시에는 디스카운트 나이트를 이용하는 것이 좋다

모든 크루즈가 다 같은 건 아니지만, 돈을 내고 먹는 특별 레스토랑인 '이탈리아 레스토랑' '스테이크 하우스' 등의 고급 레스토랑에서 간혹 디스카운트 나이트(Discount night)를 할 때가 있다. 디스카운트 나이트는 말 그대로 식사 비용을 할인해 주는 것으로, 이때 레스토랑을 이용하는 것은 돈을 절약할 수 있는 방법이다. 점심을 디스카운트해 주는 날도 있고, 와인 한 병을 공짜로 서브해 주는 디너도 있다.

(2) 스파, 마사지는 비용이 저렴한 시간대를 이용하라

크루즈 선상에서 스파, 마사지를 받으려면 그 비용이 매우 비싼 편에 속한다. 그러나 크루즈가 항구에 입항해 있는 날은 거의 모든 승객이 관광을 나가기 때문에 고객이 없는 관계로 비용이 저렴하다. 또는 바쁘지 않은 시간대에 받는 간단한 마사지 역시 비용이 상대적으로 저렴하다. 스파숍에 문의하거나 선상 소식지를 살펴보아라.

(3) 필요 이상의 팁은 금물이다

지금은 거의 모든 크루즈 라인이 계산서에 객실 스튜워드와 식당 웨이터에게 지급하는 팁을 이미 포함하고 있다. 바에서 마시는 술값에는 이미 15~18% 정도의 팁이 포함되어 있고 스파나 피트니스도 물론이다. 서비스를 잘해 주었다거나 추가적인 대우를 받고 싶어서 팁을 주는 것은 언제든 환영이다. 그러나 여행자들이 아무런 생각 없이 계산서 하단의 비어있는 공간에 '15% add' 하라고 사인하는 것은 팁을 두 번 주는 것이 되니 주의하자.

(4) 크루즈 투어의 장단점을 파악해 때에 맞게 이용하라

크루즈 라인은 항구에 입항할 때마다 자신들이 운영하는 투어에 합류하라고 고객들에게 권한다. 크루즈 라인이 운영하는 투어의 장점은 관광의 질이 어느 정도 보장된다는 것과 크루즈 출항시간을 반드시 지킨다는 점이다. 대신 가격이 높게 책정되어 있다. 반면, 단점은 많은 인원 때문에 이동이 민첩하지 못하고 제대로 구경하기 어렵다는 점이다.

돈을 절약하고 싶으면 하선 후에 개별적으로 현지 투어를 선택하는 방법이 있다. 비교적 작은 도시에서 써먹을 수 있는 방법이다. 특히 캐리비언 투어의 경우 이런 방법이 가능하다. 그러나 대도시, 예를 들어 러시아(Russia) 상트페테르부르크(Saint Petersburg) 같은 곳에서는 크루즈 라인이 운영하는 투어에 가담해야 대형 버스로 먼 곳까지 둘러볼 수 있다.

(5) 바다에서는 전화나 인터넷을 단절하라

아직도 크루즈 선상에서 객실 전화나 스마트폰으로 육지와 통화하는 것은 터무니없이 비싼 가격을 요한다. 선상에는 인터넷이 갖춰져 있으나 사용료가 너무 높다. 미국 달러로 분당 75센트, 혹은 패키지 딜(Package Deal)로 이용해도 분당 40센트 정도의 비용이 든다. 휴가를 마음 놓고 즐기는 면에서도 그렇지만 전자기기는 당분간 차단해 놓는 것이 금전적으로 절약할 수 있는 길이다. 만일 반드시 이메일(E-mail)을 이용해야 할 일이 있다면 승선하는 날 패키지를 구입하는 것이 좋다. 대부분의 크루즈 라인에서는 조금 저렴한 가격으로 패키지를 제공한다.

(6) 음료 이용 가격을 절약해라

크루즈 선상에서 병 생수와 소다(예: 탄산음료 등)는 개별적으로 사 마셔야 하는데 가격이 비싸다. 소다를 자주 마시는 사람은 미리 팩을 준비해서 가져가는 것도 생각해 볼 일이다. 나의 경우는 빈 물병을 가져가서 그곳에 식수를 담아놓고 마신다. 어떤 크루즈는 소다 패키지, 와인 또는 드링크(Drink) 패키지를 구매하라고 하는 곳도 있다. 항구에 입항할 때마다 자신이 마실 음료수를 사 들고 들어오는 것도 하나의 방법이다. 아주 많은 경우가 아니라면 얼마든지 허용된다.

(7) 공짜 드링크를 즐겨라

어느 크루즈에서나 '해피 아워(Happy Hour, 하루 중 고객이 붐비지 않은 시간대를 이용하여 저렴한 가격, 또는 무료로 음료 및 스낵 등을 제공하는 서비스)'가 있기 마련이다. '해피 아워' 시간을 맞춰 그곳에 가면 칵테일을 반 가격에 즐길 수 있고 소다는 거저 주기도 한다. 아니면 '오늘의 드링크' 역시 찾아볼 만하다. 드링크를 4개 구입하면 하나는 공짜로 주는 곳도 있다. 화랑에서 전시회를 할 때는 샴페인을 거저 제공하기도 한다.

(8) 와인을 주문했다면 다음의 방법을 이용하라

저녁 식사시간에 와인 한 병을 주문했다면 구태여 그 자리에서 다 마셔야 할 필요는 없다. 마시다 남은 와인은 웨이터에게 다음 디너까지 보관해 달라고 하면 보관해 두었다가 다시 마실 수 있다. 물론 와인 값이 부풀린 가격임은 분명하다.

이처럼 크루즈 여행 시에 돈을 쓰려고 하면 한도 끝도 없지만, 안 쓰려고 마음먹는다면 최소한의 비용으로도 남들만큼

즐길 수 있다. 마지막으로 비용과는 무관하지만 하나의 팁을
더 말하고자 한다.

(9) 빙고나 카지노에서 잭팟을 기대하지 마라

빙고 게임은 기계가 돌리는데, 이 기계는 사람이 조작해 놓
은 대로 움직인다. 결국, 게임 비용만 많이 들고 실소득은 없
다. 카지노 슬롯머신 역시 확률을 조작해 놓아 잭팟은 상상도
할 수 없다. 동전을 밀어내는 기계 또한 마찬가지다. 뭉칫돈이
떨어질 만큼 앞으로 다가오면 거꾸로 밀어 넣는 장치가 있어서
원위치로 되돌려 놓는다.

카지노에서는 손님을 유인하기 위해 몇몇 슬롯머신에서 흡
연을 허용하기도 한다.

16

싱글 여행자
데이트 파트너 만나기

크루즈 여행에서는 'Singles and Solos Afternoon Tea' 시간
이 오후 3시면 늘 있다. 크루즈 여행이 여러 날에 이른다면 모
임도 여러 번 하게 된다.

어느 날 크루즈 여행 중 혼자서 아침을 먹고 있는데 어떤 할
머니가 합석하겠다고 했다. 그녀의 이름은 '제니퍼'라고 했다.
미국 노인이 외로운 모양이구나 생각했다. 이런저런 이야기를
하다 보니 내 집과 가까운 곳인 리버모어(Livermore)에서 왔단
다. 그녀는 47살에 남편이 술중독으로 사별했다고 했다. 그녀
의 남편은 술집에서 바텐더로 일했다. 그러다 보니 손님들하고
술을 안 마실 수 없어서 중독자가 됐다. 결국, 술을 끊지 못하
고 죽었다. 그녀와 나는 알코올 중독은 무서운 질병이라는 것
과 세월이 왜 이리도 빨리 가느냐에 대해서 의견을 같이했다.

그녀는 리버모어 시니어 센터에서 28명이 단체로 이번 여행을 왔다면서 그룹으로 관광도 나간다고 이야기해 주었다. 나는 그녀에게 크루즈에서 주최하는 싱글들 모임에 가 봤느냐고 물었다. 모임이 어떻게 진행되는지 알고 싶다고 넌지시 운을 뗐다. 그녀는 모임에 관해서 설명해 주었는데, 처음에는 돌아가면서 자기소개를 하고, 남의 이야기를 듣다가 자기 차례가 오면 무슨 이야기든 해야 한다고 했다. 매일 티타임(Tea time)에 모여 이야기하다가 자연스럽게 눈이 맞는 경우도 있다고 했다.

나는 그녀에게 여자들만 많은 데 가서 뭐하겠느냐고 물었다. 그렇지 않단다. 여자들만 모인 것은 맞지만, 그녀들도 나름대로 친구가 있고 오빠나 남동생도 있다. 누가 어떻게 연결될지 아무도 모른다. 더군다나 지금처럼 인터넷이 발달한 마당에는 주소만 나눠도 영상 통화로 얼마든지 만남의 기회를 얻을 수 있다고 했다.

동양인이라고 해서, 또는 영어를 잘하지 못한다고 해서 주눅들 이유는 없다. 다 이해한다고 했다. 그녀의 이야기를 듣고 보니 무엇인가 이루어질 것 같아서 흥미로웠다. 한국인들처럼 누구의 소개를 기다리지 않고 본인이 직접 적극적으로 나서는 미국인들이 부러웠다.

17

발이 편한
신발을 신어라

크루즈 여행은 생에 있어서 최고의 여행이기도 하다. 여행에서 볼 것도 많고, 해야 할 것도 많다, 항해하는 도중에 선상에서 벌어지는 경이로운 이벤트도 많다. 어느 여행이나 여행에 맞는 신발은 매우 중요하다. 크루즈 여행에 맞는 신발은 어떤 것이 있는지 알아보자.

우선 신발은 발이 편한 신발이어야 한다. 신고 생활하기에 가볍고 편안하면 그만이다. 크루즈에서 신기에 좋은 신발은 대략 다음과 같다.

● 운동화: 밑창이 고무로 된 운동화면 합격이다. 새로 사기보다는 신던 신발을 신되, 깨끗하고 편한 운동화면 좋다.
● 구두: 앞서도 말했지만, 크루즈 여행 시에는 정장을 입어야

하는 경우가 있어서 구두를 준비해야 한다. 준비해 가는 옷에 어울리는 구두면 된다.

● 슬리퍼: 보통 크루즈 수영장이나 비치 의자에서 선탠을 즐길 때는 간편하게 슬리퍼를 신고 다닌다. 또한, 하선해서 비치에 나갈 때도 슬리퍼는 유용하다.

● 등산화: 고적지를 답사한다거나 트래킹을 즐기려면 등산화가 필요하다.

18

크루즈 여행에서
현명한 체중 관리 팁 8가지

크루즈 여행의 백미는 혀끝을 자극하는 먹거리의 향연이다. 온 세상의 맛있다는 음식은 모두 차려놓고 마음껏 먹어보라는 놀이터처럼 여행객들을 가혹하게 유혹한다. 여행객들은 음식이 주는 달콤하고 입안에서 녹아날 것 같은 감미로움에 매혹되지 않을 수 없다.

이처럼 크루즈 여행에서 제공되는 음식은 매우 풍부하고 다양하여 여행객들은 식탐을 시험당하는 이 전쟁터에서 전사로서 어떻게 처신해야 할지 심히 괴롭다. 입이 즐거워하는 만큼 체중과의 싸움이 치열해지기 때문이다. 식탐은 금물이다. 크루즈 여행에서는 맛있는 음식과 보기 좋은 떡이 많아서 먹으려 들면 끝이 없다. 이에 크루즈 여행에서 현명하게 체중 관리를 할 수 있는 8가지의 팁을 소개한다.

(1) 레스토랑을 이용하라

크루즈에는 혀를 유혹하는 음식이 너무 많다. 뷔페, 칵테일, 디저트, 피자, 치즈버거, 아이스크림, 초콜릿 케이크 등. 그러나 동시에 건강한 음식도 그만큼 많다. 아침과 저녁 식사는 뷔페에 가지 말고 정식 레스토랑에서 주문해서 먹어라. 뷔페에 가면 무심결에 이것저것 집어 먹게 된다. 레스토랑에서 주문하게 되면 상대적으로 신경을 더 써서 골라 먹게 된다.

(2) 점심은 뷔페에서 먹는다

뷔페를 이용하는 것은 샐러드를 마음껏 먹을 수 있기 때문이다. 크루즈 여행에서는 늘 채소 섭취가 부족하기 마련이다. 충분한 채소를 섭취하기 위해 뷔페에서 샐러드 두 접시로 점심을 대신하는 것이 좋다. 오트밀과 과일을 곁들인 식사를 추천한다.

(3) 스파숍 음식을 피하라

수영장 근처의 오픈 스카이 데크에 있는 스파숍에서는 늘 먹음직스러운 음식을 즉석에서 만들어서 제공한다. 치즈버거, 프렌치프라이, 피자, 아이스크림 등의 음식들이 그것이다. 이

때는 조금 참았다가 레스토랑에서 정식 만찬을 즐기는 것이 좋다.

(4) 레스토랑에서는 주로 해산물(Sea food)을 선택하라

레스토랑 메뉴에는 육류와 해산물이 있기 마련이다. 육류보다는 해산물을 주로 선택하는 것이 당연히 건강에 더 좋다. 입항해서 관광을 나가더라도 생선을 위주로 한 음식을 선택하면 가격도 저렴하고 맛도 즐길 수 있다.

(5) 마시는 음료는 물과 아이스티로 대신한다

캔 음료수나 설탕이 첨가된 음료는 피하는 것이 좋다. 또한, 드링크 패키지를 사 놓으면 왠지 공짜라는 기분에 안 마셔도 될 때도 마시는 경우가 종종 생긴다. 이런 경우는 자제하는 것이 좋다. 또한, 칵테일에도 당이 들어 있다. 만약 피나 콜라다(Pina colada)가 마시고 싶으면 가볍게 한 잔만 마셔라. 물론 만찬에서 마시는 와인 한 잔은 예외다.

(6) 여행 가방에 운동화와 운동복을 챙겨라

아무리 음식을 가려서 먹었다 해도 에너지의 소비가 없으면

헛일이다. 적절한 음식 섭취와 운동을 통해 늘 체중의 균형을 맞춰야 한다. 피트니스 센터(Fitness center)에서 30분 이상 달리든가 체육관(Gym)에서 운동하는 것이 체중 조절에 필수다. 그리고 시간 날 때마다 트랙 걷는 것을 잊지 마라.

(7) 크루즈 내에서 이동 시에는 계단을 이용하라

크루즈에는 보통 엘리베이터가 세 군데 정도 있는데, 이를 이용하는 대신 계단으로 걸어 다니는 것이 좋다. 적은 운동량이 합쳐져 큰 효과를 얻을 수 있다.

(8) 만보기를 이용하라

만보기를 차고 다니면 온종일 얼마를 걸었는지 알 수 있다. 알고 있는 것과 모르고 있는 것은 결과에 큰 영향을 미친다.

나는 크루즈 여행 시에 이러한 방법을 꼭 실천하는 편이다. 그래서 크루즈 여행을 하는 15일 동안 양식만 먹었어도 집에 와서 체중을 재보니 변화가 없었다.

19

스튜워드
(Steward, 객실 청소 담당)

〈스튜워드가 만든 동물 모양의 수건〉

일반적으로 스튜워드라고 부르지만, 사실은 Cabin Steward 나 Stewardess가 정식 명칭이다. 크루즈에 따라 다르게 부르기도 한다(예: Cabin Attendant).

스튜워드는 아침과 저녁, 하루에 두 번 객실을 청소해 준다. 객실 청소만 하는 게 아니라 실제로 아는 것도 많아서 궁금한 것을 물어보면 잘 가르쳐 준다. 만약 필요하거나 잊어먹고 안 가지고 온 것이 있으면 스튜워드가 도와주기도 한다.

아침 식사 후에 오면 객실을 청소해 놓고, 저녁 식사 후에 오면 침대를 잠자리로 정돈해 놓는다. 잠자리를 정돈할 때는 매일 밤 목욕 수건으로 각기 다른 동물 모양을 만들어 놓아 손님에게 감동을 준다. 정돈 후에는 초콜릿 2개를 놓고 가는 것도 잊지 않는다. 서비스로 고객을 감동하게 하려는 노력이 역력해 보였다. 스튜워드는 웃으면서 청소하지만, 관리 감독도 한다.

20 　　　　　　　　　　　　　　　인터넷 연결

　크루즈에서 인터넷 사용은 매우 비싼 가격을 요구한다. 크루즈 내에는 컴퓨터방이 따로 있고, 그 안에는 여러 대의 컴퓨터가 있다. 사용료는 세 등급으로 나뉘는데 다음과 같다.

　첫 번째, 프리미엄(Premium)은 일일 패키지로 비용은 29.99달러이며 동영상 등 인터넷을 온전히 즐기고 이용할 수 있다.

　두 번째, 썰프(Surf)는 대부분의 사람이 이용하는 방식이다. 일일 패키지로 비용은 24.99달러이며 이메일, 뉴스, 스포츠 등 인터넷 이용이 제한적이다.

　세 번째, 소셜(Social)은 일일 패키지 비용이 14.99달러로 이메일 또는 개인 SNS(Social Networking Service) 정도의 검색이 가능하다.

　크루즈 예약과 동시에 인터넷 사용도 예약했을 경우, PC는 와이파이(WIFI)로 연결되어 객실에서 PC 사용이 가능하다. 플랜(Plan)에 따라 가격이 다르다. 120분 플랜은 69달러의 비용에 추가로 이용 시간에 20분의 서비스 시간을 주며, 240분 플랜은 159달러의 비용에 60분의 추가 시간, 680분 플랜은 199달러의 비용에 80분의 추가 시간을 제공해 준다(즉, 총 13시간 동안 사용이 가능하다).

인터넷 속도는 얼마나 많은 사람이 인터넷을 사용하느냐에 따라 다를 수 있다. 최고 속도를 제공하지만, 새틀라이트(Satellite) 접속은 케이블에 비해 느리다.

21

휴대전화(Cell Phone)

　크루즈 여행 시에 휴대전화에 관련된 사항은 조금 복잡하다. 크루즈가 연안과 12마일 정도 떨어져 있으면 휴대전화 연결이 가능하다. 그러나 망망대해로 나가면 연결이 안 된다. 휴대전화 이용 요금은 각 전화 회사의 규정에 따른다.

　예를 들어, 내가 이번에 파나마 운하 크루즈 여행을 떠나면서 여행 기간 중 서울에서 오는 전화를 꼭 받아야만 하는 상황이 있었다. 그래서 나는 내가 사용하고 있는 버라이즌(Verizon) 사(社)에 연락해서 멕시코(Mexico), 니카라과(Nicaragua), 코스타리카(Costa Rica), 파나마(Panama), 콜롬비아(Colombia)로 여행하는 날짜를 알려주고 40달러짜리 국제전화 플랜(Plan)에 가입했다.

　플랜에 들었어도 항해 중에 통화를 하면 추가 요금이 발생한다. 나는 휴대전화를 켜놓고 있어서 어디서 전화가 왔는지 번호를 보고 파악했지만 받지는 않았다. 전화를 받지 않으면 돈은 내지 않는다. 각 나라에 도착할 때마다 버라이즌에서 도착한 나라와 그 나라의 시간이 화면에 뜬다. 육지에서 하는 전화는 플랜을 들었기 때문에 별도 요금이 부과되지 않았다. 그러나 항해 중에 딸은 내가 크루즈 여행 중인지도 모르고 두번 전화를 했다. 무슨 급한 일이 생겼나 해서 두 번 다 전화를 받았다. 통화 시간이라야 1분 남짓, 그것도 수신이었는데 나중에 집으로 날아온 전화 청구서 요금을 확인해 보니 26달러였다.

22

새로운 여행지 입항

크루즈가 항구에 입항하면 부두로 내려가 입항 절차를 밟아야 한다. 항구에 접안(接岸) 시설이 잘 갖춰져 있는 부두는 크루즈 4층으로 내려가 갱웨이(Gangway)를 통하여 밖으로 나가면 되지만 접안 시설이 설치되지 않은 항구에서는 크루즈를 바다에 정박시켜 놓는다. 크루즈는 비상시를 대비해서 구명보트를 20여 척 정도 싣고 다니는데 그중에서 '텐더(Tender)'라고 하는 부속선으로 승객을 육지까지 실어 나른다. 2,000여 명이 넘는 승객을 실어 나르려면 질서가 유지돼야 한다.

하선 후 관광이나 기타 일정이 예약된 사람이라면 방송으로 예약 항목에 따라 모여서 가슴에 번호표를 부착한다. 번호 집단대로 하선해서 리더를 따라가면 된다.

승·하선 시에는 반드시 '선상 카드'를 지참해야 승선과 하선이 가능하다. 여권이나 사진이 부착된 ID는 더이상 필요 없다.

선상 카드에는 바코드가 있어서 승선이나 하선할 때 바코드 입력기에 가져다 대면 삑 하는 신호음과 함께 카드 소지자의 사진이 떠오른다. 미국 시민권 소유자는 대부분의 나라에 무비자 입국이 가능하다.

출항 시간은 반드시 지켜야 하기에 적어도 출항 한 시간 전에는 승선하는 게 좋다. 때로는 관광지에서 사고가 발생했다거나 술에 취해서 늦는 경우도 있다. 그러다 보면 크루즈는 이미 떠나고 없는 경우도 발생한다. 그때는 개별적으로 비행기 편을 구해 귀국해야만 한다.

크루즈가 운영하는 단체관광에 편승했는데 사고로 늦어지면 그때는 크루즈가 기다려준다는 보장이 있다. 한 번은 출항시간이 지났는데도 크루즈가 출항하지 못하고 승객을 기다리는 일도 있었다. 장례 행렬이 관광버스 앞에서 천천히 걸어가는 바람에 차가 밀려서 제시간에 도착할 수 없다는 연락을 받고 크루즈가 한 시간도 넘게 기다렸던 일도 있다.

23

크루즈 선상에서 알아두면
유용한 용어들(Cruising terms)

(1) 객실에 관한 용어

- Cabin, Stateroom: 객실, 호텔 룸과 같은 용어로 쓰인다.

- Category: 객실 등급을 말한다. 객실은 보통 Suite, Balcony, Ocean view, Interior로 나뉘는데, 카테고리마다 위치, 크기, 손님 편의를 위해 제공하는 격조 높은 서비스에 따라 다시 등급이 나뉜다.

- Single Supplement: 두 사람이 자는 방을 혼자 사용하는 것. 추가 요금이 부과된다.

- Double: 2인용 객실.

- Triple: 3인용 객실.

- Quad: 4인용 객실.

- Family Friendly Accommodations: 가족이 머물 수 있

는 객실(성인 2인, 어린이 3인).

- Suite: 스위트라고 해서 일률적으로 다 같은 것은 아니다. 스위트는 스위트와 미니 스위트로 나뉘고 위치와 객실 크기에 따라 가격이 다르다. 일반 객실보다 크기가 넓고 손님의 편의를 위해 격조 높은 서비스를 제공하는 것은 분명하다[1912년 4월 15일, 불멸의 타이타닉호가 침몰할 당시, 배에 실린 구조정으로는 승객의 반밖에 구할 수 없었다. 선장은 일등 객실(스위트룸) 승객과 아녀자만 구명정에 태우라고 명령했다].

- Balcony: 객실에 전망을 볼 수 있는 유리 미닫이문(Sliding door, 슬라이딩 도어)이 있고 유리 미닫이문을 열고 나가면 개인 발코니가 있는 객실이다(팁: 원칙적으로 크루즈 내는 금연이라 흡연자들이 개인 발코니를 몰래 흡연 장소로 이용하기도 한다).

- Ocean view: 창문으로 전망을 볼 수 있는 객실이다.

- Interior: 창문이 없는 객실. 인테리어라고 해서 다 같은 객실은 아니고 객실의 위치와 크기에 따라 가격이 천차만별이다.

- Porthole: 선창(船窓).

- Upgrade: 낮은 등급에서 높은 등급으로 이동하는 것을

말한다.

(2) 식당

- Dinner Seating: 예약이 필수다. 만찬을 위해 줄을 서면 웨이터가 자리를 정해 준다.
- Open Seating: 예약 없이 자유로이 자리를 선택해서 앉는 식당.
- Alternative Dining: 캐주얼한 옷차림으로 드나들 수 있는 식당을 말한다. 뷔페.
- Alternative Restaurant: 작은 규모의 특별 레스토랑으로 별도로 돈을 내야 이용할 수 있다.
- Galley: 주방.
- Room service: 룸서비스. 24시간 룸서비스가 가능하다.
- Executive Chef: 총주방장.
- Maitre D'Hotel: '메트르 도텔' 웨이터. 웨이터 총지배인.
- Headwaiter: 레스토랑 내에서 서비스를 효율 있게 계획하고 전체를 총괄하는 책임자.
- Waiter or Waitress: 손님에게 서비스를 제공하는 종업원.
- Assistant Waiter: 웨이터 보조원.
- Dress Code: 복장 규정을 말한다. 매일 배달해 주는

선상 소식지 맨 위에 금일 저녁의 드레스 코드가 적혀 있다. 라이트 캐주얼(Light casual), 스마트 캐주얼(Smart casual), 포멀(Formal)로 나뉘는데, 캐주얼은 그다지 신경 쓰지 않아도 된다(물론 청바지와 반바지는 안 된다). 그러나 Formal(정장)은 다르다. 정장을 입는 날은 특별히 소식지 에 정장을 갖춰 입어 모두 즐거운 저녁이 되기를 바란다 는 부탁이 적혀 있다. 그날의 드레스 코드가 Formal일 경우, 여자는 이브닝 가운(Evening gown)이나 칵테일 드레 스(Cocktail dress), 혹은 우아한 코트와 팬츠를 입어야 한 다. 남자는 턱시도나 검은색 종류의 신사복 혹은 만찬 정장을 입어야 하며, 특히 반드시 긴 바지를 입어야 한다.

(3) 크루즈 선상 용어

- Forward: 선수(船首).
- Midship: 선체 중앙.
- Afterward(Aft): 선미(船尾). 크루즈를 앞부분, 중간 부분, 뒷부분으로 삼 등분해서 객실을 정할 때 쓰는 단어다. Aft에 위치한 객실의 장점은 선상에서 발생하는 소음이 적다는 점이다. 크루즈의 모든 식당과 극장, 술집, 라운지

는 앞쪽에 집중되어 있어서 밤늦게까지 발생하는 소음에서 벗어날 수 있다. 대신 크루즈 엔진 소음이 있어, 10층 이상에서도 약간의 소음이 들리는 단점이 있다. 객실이 맨 뒤에 있으면 어딜 가나 걷는 거리가 있어서 운동량이 많아진다. 이는 장점일 수도 있고 단점일 수도 있다. 앞서 말했던 것처럼 선상에서는 체중 관리를 위해 운동이 요구되므로 엘리베이터는 피하고 계단을 걸어 다니는 것이 좋기 때문이다.

Aft와 상응되는 개념으로 Forward가 있는데 Forward에 위치한 객실의 경우, 배의 앞부분이 타원형으로 되어 있어서 객실이 사각형이 아닐 수도 있다. 대신 자동차 앞좌석처럼 앞으로 전개될 뷰를 만끽할 수 있다는 장점이 있다. 반면, 엔터테인먼트를 즐기려는 승객들의 발길이 잦아 시끄러울 수도 있다.

뱃멀미에 민감한 사람은 Midship에 있는 객실을 선택하는 것이 가장 안전하다.

- Beam: 배의 폭. 가장 넓은 수치를 말하는데 일반적으로 배 가운데가 가장 넓다.
- Length: 배의 길이.

- Bridge: 선장과 선원이 배 운항을 지휘하는 장소.
- Draft: 배가 수중 지면에 닿지 않기 위해 물 깊이를 재는 것을 말한다.
- Gangway: 배가 선착장에 닿았을 때 승객이 타고 내리는 입·출구.
- Tender: 항구에 선착장 시설이 없을 경우, 배를 바다에 정박해 놓고 작은 구명정으로 승객을 육지로 실어 나른다. 작은 구명정을 텐더라고 부른다.
- Knot: 배의 속력. 1노트는 1초에 2m를 가는 속력을 의미한다.
- Promenade Deck: 크루즈를 한 바퀴 돌아볼 수 있는 데크. 걷거나 조깅하는 데크를 말한다.

(4) 기항(寄港)에서 쓰는 용어

- Port of Call: 기항지.
- Shore Excursion: 크루즈에서 기항 후에 관광할 사람들을 안내해 주는 것.
- Embarkation: 승선.
- Disembarkation: 하선.
- Starboard: 우현.
- Portside: 좌현.

24

크루즈 객실에서 해서는
안 되는 12가지

① 크루즈 내에서는 원칙적으로 금연이다. 화재의 위험 때문이
다. 객실은 물론이려니와 개인 발코니에서도 금연이다. 크
루즈마다 지정 흡연실이 있으니 흡연자는 미리 알아두는
것이 좋다.

② 촛불을 켜거나 버너(Burner), 전기 주전자나 냄비 등을 사용
하면 안 된다.

③ 헤어드라이어를 사용할 때, 화장실에 있는 면도기용 전기
아웃렛에 연결하면 안 된다. 화장실의 전기 아웃렛은 전압
이 약해서 헤어드라이어를 끼면 퓨즈가 나가버린다.

④ 객실에서 싸우지 마라. 객실과 객실 사이의 벽은 매우 얇아
서 작은 소리도 옆방에 다 들린다. 대화할 때도 목소리를
낮추는 것이 좋고 새벽에 TV를 보는 것도 소리를 낮춰서

옆방 승객을 고려해야 한다.

⑤ 객실에서 알몸으로 행동하지 마라. 부두에는 여러 크루즈가 함께 정박해 있다. 외부 크루즈에서 볼 수도 있고 항구 사람들 눈에 띌 수도 있다. 누군가의 눈에 띄면 사진으로 찍힐 수도 있다.

⑥ 발코니 유리 미닫이문을 열어놓지 마라. 발코니문을 열어놓으면 더운 공기의 유입으로 에어컨이 계속해서 작동한다. 이는 에너지 낭비로 이어진다. 때로는 연기탐지기 오작동으로 이어질 수도 있다. 발코니 유리 미닫이문은 정박 시나 운행 시에 반드시 닫아놓아야 한다.

⑦ 발코니에다 젖은 수영복이나 빨래를 널어놓지 마라. 본인은 좋은 아이디어라고 생각하고 널어놓지만, 크루즈 직원들의 업무에 지장이 생길 수도 있다. 수시로 이뤄지는 발코니 물청소에 방해가 되기도 하고 마른빨래는 화재의 위험도 있다.

⑧ 객실을 너무 많이 어지럽히지 마라. 여행 가방을 바닥에 내려놓고 활짝 열어 놓았다든지 사들인 기념품들을 여기저기 늘어놓는다면, 자다 일어나 움직일 때 어두운 곳에서 다칠 수도 있고 청소하는 스튜워드가 어느 것이 중요한 물건

이고 어느 것이 쓰레기인지 구별하기도 어렵다. 객실은 늘 스스로 정리해 놓는 것이 좋다.

⑨ 특별히 창문이 없는 객실에서는 향수나 머리 스프레이를 너무 많이 뿌리지 마라. 공기 순환이 잘 안 되기 때문에 향기가 침대와 옷에 스며든다. 이런 상태에서 객실 문을 열면 그 냄새가 복도로 새어 나와 다른 사람들을 불쾌하게 한다(특히 한국인은 김치나 반찬 냄새를 유의하는 것이 좋다).

⑩ 크루즈 내에 비치된 목욕용 가운이나 수건을 가져가지 마라. 크루즈에서 부풀린 가격으로 당신에게 비용을 청구할 것이다. 책상 위의 볼펜이나 샤워장의 샴푸 정도는 괜찮다.

⑪ 벽이나 문에 테이프를 붙이지 마라. 테이프를 붙였다 떼면 페인트가 같이 떨어진다. 객실에 작은 파손도 내서는 안 된다. 벽이나 문이 철근으로 되어 있으니 그곳에 자석을 이용해서 붙였다 떼는 것은 괜찮다.

⑫ 객실 금고에 넣어두었던 여권이나 비자 카드 등은 반드시 챙겨 하선해야 함을 명심해라.

25

하선 시
짐 가방 꾸리기

크루즈에서 하선 시에는 하선하기 바로 전날 자정까지 러게지(Luggage, 수화물)를 객실 문 앞에 내놔야 한다. 비행기를 이용할 때 러게지 무게가 50파운드(약 23kg)가 넘으면 무게 초과 비용을 지불해야 하므로 50파운드 미만이 되게끔 신경 쓰는 것이 좋다. 스튜워드가 손저울을 가지고 있으니 미리 무게를 달아보는 것도 한 방법이다. 서류나 귀중품은 들고 다니는 가방(Carry-on luggage)에 넣는 것을 잊지 마라.

26

크루즈 승선 환영 파티,
마지막 날 저녁 피날레 공연은
반드시 감상해라

〈크루즈 뮤지컬 공연 1〉

〈크루즈 뮤지컬 공연 2〉

　크루즈 승선 환영 파티와 마지막 날 저녁 피날레 공연은 잊지 말고 관람하기 바란다. 가장 멋진 밤이 될 것이다.

　나의 경험담을 지면을 통해 얘기하고자 한다. 지난번 동부 캐나다 크루즈 여행에서는 마지막 만찬 후에 웨이터와 웨이트리스들이 합창과 춤으로 멋진 밤을 이끌었다. 너무나 흥겹게 노는 바람에 모두 기립해서 같이 춤을 추었다. 하다못해 〈강남스타일〉까지 합창하며 같이 춤을 추었으니 나중에는 정신이 없었다. 그리고 이번 파나마 운하 크루즈에서는 호라이즌 극장에서 뮤지컬 배우들이 베르디(Giuseppe Verdi)의 〈라 트라

비아타(La Traviata)〉를 알짜 가곡만 추려 한 시간 정도의 공연으로 축약해서 불렀다. 너무나 감동적인 순간이었다. 7시 30분과 9시 30분, 총 두 번 공연했는데 나는 두 번 다 봤다. 〈축배의 노래(Brindisi)〉는 물론이거니와 이중창 〈어느 행복한 날〉, 아리아 〈지난날의 아름답고 즐거웠던 꿈이여, 안녕〉, 이중창 〈사랑하는 이여, 파리를 떠나자〉 등 귀에 익은 여러 곡이 쉴 틈 없이 이어졌다. 공연이 끝난 다음에도 관객들은 기립해서 환호하며 감격에 겨워 자리를 뜰 줄 몰랐다.

27

2018년 3월, 파나마 운하 크루즈
선상기(船上記) 및 소요 경비

〈프린세스 코랄(Princess Coral) 1〉

내가 최근에 다녀온 파나마 운하(Panama Canal) 크루즈 여행에 대한 이야기를 통해 크루즈 여행이 어떻게 진행되는지 자세히 살펴보고자 한다.

대양과 대양을 연결하는 파나마 운하 크루즈 여행은 어느 크루즈보다 기항지(寄港地)가 적다. 15일간의 여행 기간 동안 단지 5곳을 입항했는데, 그것도 별로 볼 것 없는 시골 마을뿐이었다. 따라서 이번 이야기에서는 앞에서도 언급했듯이 주로 선상에서의 생활 위주로 크루즈를 즐기는 여행을 소개하고자 한다.

크루즈 여행을 떠나기에 앞서 나는 제일 먼저 가장 저렴하면서도 내가 원하는 객실을 고를 수 있는 1월에 인터넷에서 크루즈 여행을 검색했다. 여러 크루즈 라인이 있지만 내가 고른 '프린세스 크루즈(Princess Cruise)'는 출발항이 샌프란시스코(San Francisco)란 이유에서 선택하게 되었다. LA(Los Angeles)에서 출발하는 크루즈는 많이 있으나 샌프란시스코에서 출발하는 크루즈는 많지 않다. 집과 가까운 곳에서 출발하는 크루즈는 비행기와 호텔 값을 절약할 수 있어서 그만큼 경비가 적게 든다.

당일 승선 및 출항 일정을 미리 살펴보았다. 오후 4시에 출항하기로 되어 있고 2시간 전에는 승선해야 한다고 안내되어 있었지만, 막상 가 보았더니 오전 11시인데도 여행객들이 이미 승선하고 있었다. 나는 온라인으로 미리 스스로 수화물 태그 출력을 해서 갔기 때문에 포터에게 짐을 맡기고 곧바로 승선할 수 있었다. 점심시간이었으므로 승선하자마자 점심 식사부터 했다.

프린세스 코랄(Princess Coral)은 91,627t으로 승객 약 2,200명, 승무원 약 900명이 탑승하는 크루즈다. 총 16층으로 되어 있는데 4층에는 의료 센터가 있고 그 아래층은 승무원 객실이다. 층마다 이름이 있어서 몇 층이라고 하지 않고 이름을 부른다. 4층은 Gala Deck, 5층은 Plaza Deck, 6층은 Fiesta Deck다. 6층 맨 앞쪽으로는 프린세스 극장이 있고 다음에 프로빈스 레스토랑, '칼립소 코브'라고 하는 메인 로비, 카지노, 엑스프레스 라운지, 포토 갤러리 그리고 맨 뒤에 유니버설 극장이 자리 잡고 있다. 7층은 Promenade Deck로 선상을 걸어서 한 바퀴 돌 수 있는 데크다. 역시 객실은 없고 맨 앞쪽은 2층짜리 구조의 프린세스 극장이 있어서 6~7층이 극장이고, 다음으로 결혼 예식장, 화랑, 사바티니 술집, 'Bayou Cafe & Steakhouse' 이탈리아 레스토랑과 유니버설 극장이 2층으로 이루어져 있다. 8층은 Emerald Deck로, 8층부터 객실이다. 9층은 Dolphin Deck, 10층은 Caribe Deck, 11층은 'Baja(바하)'로 내가 계약한 객실(Cabin, Stateroom)인 B731호가 선미(船尾)

에 있다.

12층은 Aloha Deck로서 여기까지가 객실이다. 그다음으로는 13층이 와야 하지만 13은 서양인들이 터부시하는 숫자이므로 바로 14층이 이어진다. 14층은 Lido Deck로 호라이존 뷔페, 리도 수영장, 로터스 수영장, 스파숍, 미용실, 마사지, 피트니스 센터, 체육관(Gym)이 있다.

15층은 Sun Deck로 하늘이 열려있다. 대형 스크린이 있어서 영화도 보여 준다. 이곳에는 미국인들이 좋아하는 선탠을 즐기는 사람들로 북적인다.

16층은 Sports Deck다. 스플래시 풀과 농구장, 암벽등반 시설이 있다.

이처럼 크루즈에 승선하기 전에 미리 크루즈의 평면도를 보고 층마다 어떤 시설이 있는지 숙지해 두는 것이 좋다.

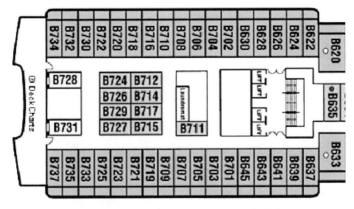

〈프린세스 코랄 객실 평면도 - 저자가 있던 11층 선미〉

객실 B731은 오션 뷰(Ocean view)라고 해서 창문이 달린 객
실이다. 크루즈 맨 뒤편에 알려지지 않은 데크가 있어서 개인
전용 데크처럼 사용할 수 있었다. 또한, 7층까지는 엔진 소음
이 시끄럽게 들리지만 11층쯤 되면 조용하고 쾌적하다.

〈Mini suite〉

〈Balcony〉

크루즈 여행 꼭 알아야 할 팁 28가지

⟨Ocean view⟩

⟨Interior⟩

객실(Stateroom)은 크게 스위트룸(Suite), 발코니룸(Balcony), 오션 뷰(Ocean view), 인테리어(interior)로 나뉘는데, 발코니룸이 가장 보편적이고 인기 있다. 발코니 객실은 퀸사이즈 침대에 슬라이딩 도어가 있고 개인 전용 발코니가 있다. 크루즈는 전망이 중요한데, 좋은 전망을 만끽할 수 있는 객실이 바로 발코니가 달린 객실이다. 그만큼 객실 가격이 비싼 것은 당연하다. 저렴한 여행 경비를 우선시하는 나로서는 구태여 발코니까지는 원치 않는다. 내 경험에 의하면 발코니가 있어도 거의 사용하지 않게 되기 때문이다. 발코니가 있다 하더라도 그곳에 앉아 맥주 한 잔 마시면 그만이지, 더는 길게 앉아 있을 이유가 없다. 대부분의 여행자에게 있어 여행에서 가장 많이 신경이 쓰이는 것은 여행 경비다. 그래서 이번에는 저렴한 오션 뷰 객실을 선택했다. 다른 객실들은 선체 옆면으로 전망을 볼 수 있게 되어있어서 연안 쪽이든, 바다 쪽이든 한쪽만 보아야 하는 데 반해, 선미는 연안과 바다를 다 볼 수 있다는 장점이 있어서 B731호를 선택했다. 그리고 이번 15일 동안의 크루즈 여행을 통해 다음 크루즈 여행부터는 가장 저렴한 인테리어 객실을 선택하기로 생각을 고쳐먹었다. 막상 객실에서는 잠이나 잤지 여행을 즐기는 데 별반 도움이 안 된다는 생각이 들었기 때문이다.

여행을 위해 한 번 프린세스 크루즈(Princess Cruise)에 가입했더니 그다음부터는 여러 곳에서 수많은 이메일이 왔다. 나 스스로 날짜와 코스, 가격을 결정했는데도 다양한 세일즈맨(Salesman)들에게서 이메일이 온다. 이메일만 오는 게 아니라 전화까지 걸려온다. 세일즈맨들은 나에 관한 정보를 이미 알고 접근해 오는 것이다.

그런 와중에 세일즈 레이디 '캐롤린'과 이야기가 이어져 도움을 받을 수 있었다. 그렇다고 더 할인을 받은 것은 아니다. 다만 서류 작성과 관련한 도움과 미처 알지 못했던 것들을 깨닫게 해주는 정도였고 플로리다(Florida)주 포트로더데일(Fort Lauderdale)에서 샌프란시스코로 오는 편도 비행기 표를 싸게 구하는 데 세일즈 레이디가 일조했다. 일반적으로 편도 비행 편은 제값을 다 줘야 하는 건데 125달러에 구입했으니 조금은 도움을 받은 것이다.

대양과 대양을 건너가는 파나마 운하 크루즈는 비수기인 3월 6일 샌프란시스코에서 출발해서 3월 21일 플로리다 남동부 마이애미(Miami) 옆에 있는 '포트로더데일'에 도착하는 일정의 크루즈다. 총 15일간 태평양에서 대서양으로 파나마 운하를 통과하며 항구 여섯 군데에 정박하는 일정이다.

출발 후 3일 만에 멕시코(Mexico) 하시엔다(Hacienda) 반도 끝자락에 있는 로스카보스(Los Cabos)에 들렀다가 니카라과(Nicaragua)를 거쳐 코스타리카(Costa Rica)에 하루 동안 머물고 푸에르떼 아마돌로 간다. 그다음 8시간에 걸쳐 파나마 운하를 통과하고 콜롬비아(Colombia)에 들렀다가 포트로더데일에 도착한다.

1월에서 3월은 크루즈 여행 비수기인 데다가 출항 2개월을 남겨놓고 막바지 승객을 채우느라고 할인할 때여서 저렴하게 구할 수 있었다. 15일 크루즈 여행에 1인당 1,299달러면 싼 가격이다. 하루에 100달러도 안 되는 가격에 호텔, 식사, 엔터테인먼트까지 포함되었으니 거저나 마찬가지라는 생각이 들었다.

이번 파나마 운하 크루즈 여행 총 경비(단위: 달러)

❖ **1인당 크루즈 승선 비용**

: 1,299(크루즈 승선비)+190(세금과 Dock fee)=1,489

→ 부부 여행이므로 1,489×2 = 2,978

❖ **팁 비용**(예약과 동시에 하루 13.50센트씩 내야 한다고 안내를 받아 2인이

15일 동안 내야 할 비용을 계산했다)

: 13.50×2×15=405

❖ **크루즈 여행 경비**

: 2,978+405=3,383

결국, 총 3,383달러로 2인이 15일간 크루즈 여행을 즐겼다.

❖ **비행기 표 비용**(플로리다 포트로더데일에서 샌프란시스코까지)

: 125×2=250

❖ **총 경비**

: 3,383+250=3,633

◎ 그 외에 입항 후의 관광비로 기항지 관광비(Shore excursion) 890

달러를 지출했고, 기념품 구매로 100달러, 투어 가이드와 버스

운전기사 팁으로 25달러 + 스튜워드, 웨이트리스 팁으로 40달러

를 지출했다.

크루즈 여행 예약을 마치고 나서 몇 가지 작성해야 할 서류를 인터넷으로 보내면 된다. 그 후 여러 가지 소식지가 집으로 배달되기도 하고 이메일로 오기도 한다. 그중에서 기항지 선택 관광 신청(Shore Excursion)은 꼼꼼히 챙기는 게 좋다. 첫 번째 기항지에서는 여러 종류의 상품이 있는데 개중에는 인원이 제한된 경우도 있어서 미리 서둘러 신청해 놓는 것이 좋다. 스노클링, 바다낚시, 고래 관광, 패러세일링(Parasailing), 구(舊)시가지 관광 등 많은 상품이 가격과 함께 나열되어 있어서 잘 읽어 보고 고르면 된다. 물론 반드시 하선해서 육지로 나가야만 하는 것도 아니다. 많은 사람이 입항했어도 선상에 남아 선상 프로그램을 한가하게, 저렴한 가격으로 이용하는 경우도 있다.

첫째 날, At sea

2018년 3월 6일 오후 4시, 샌프란시스코 출항.

1980년대에는 50,000t급 크루즈에 수화물(Luggage)을 부둣가에 일렬로 늘어놓고 절차를 밟는 데만 해도 시간이 꽤나 걸렸지만, 지금은 승선 절차도 발전했다.

2000년대로 들어서면서 90,000t급 크루즈 승선 시에는 수

화물을 미리 싣고 승객들만 서서 여권을 회수하고 비자 카드를 담보로 선상 카드를 발급받는 방식으로 승선 절차가 변경되었다.

2010년대에 이르자 크루즈는 140,000t급으로 대형화되었고, 이제는 절차에 따로 걸리는 시간도 없이 줄을 서서 들어가는 식으로 입구를 거쳐 가면 절차가 끝난다. 여권도 회수하지 않고, 비자 카드도 요구하지 않고 바로 선상 카드를 발급해 준다. 여권과 귀중품은 각자 객실에 비치된 금고에 넣어두면 된다.

그뿐만이 아니라 다른 점 또한 발전했다. 비상탈출 관련 사항이다. 1980년대는 비상탈출 예행연습도 없었다. 2000년대 이르면 구명조끼를 입고 정해진 데크로 나와 달라는 방송이 있어 모두 방송과 안내에 따라 비상탈출 실습을 거쳤다.

2010년대에 이르면 예행연습도 사라지고, 탑승객들을 극장에 모아놓고 비행기에서 보여주는 식으로 대신하게 되었다.

〈출항하면서 바라본 샌프란시스코 전경〉

〈금문교〉

뱃머리가 석양을 향한다. 태평양 수평선이 붉게 물들어간
다. 아름답고 신선한 도시 샌프란시스코를 등지고 금문교를 빠
져나온다. 선상에 나와 멀어지는 샌프란시스코의 마천루를 바
라본다. 붉은 잣대를 가로지른 듯 점과 점을 이어놓은 금문교
가 더없이 길고 아름답다.

유니버설 라운지에서 비상탈출 예행연습을 한다고 하여 모
였다. 모여든 승객 거의 다가 노인이다. 젊은 사람은 드문드문

크루즈 여행 꼭 알아야 할 팁 28가지

보여서 놀라웠다. 나이가 70대 중반인 내가 젊은 편에 속한다. 대부분 미국과 캐나다에서 온 승객이다. 흑인 커플이 한 쌍 있고 동양인으로는 중국인이 단체로 온 모양이다. 나머지는 모두 백인이다. 다시 말하지만, 온통 노인 천국이다.

살아오면서 크루즈를 열 번도 더 타 봤지만 이렇게 노인들만 득실거리는 크루즈는 처음 봤다. 주로 성수기에 크루즈를 타 봐서 그런지 몰라도 그때는 승객들의 평균 연령대가 젊은 층이 대다수였는데, 이번에는 비수기인 3월이어서 그런지 젊은이는 일하러 가고 은퇴한 늙은 사람들만 할 일 없이 크루즈 여행을 즐긴다는 생각이 들었다. 노인들과 함께 여행하자니 속은 편했다. 노인들은 속으로는 어떻게 생각할지 모르겠으나 겉으로는 친절하고 유순하기 때문이다. 내 나라 사람처럼 허물없이 대해도 다 이해하고 받아주는 편이다. 젊은이들처럼 대꾸하기 싫다는 표정은 짓지 않는다.

배는 안방처럼 편안했다. 나처럼 뱃멀미가 심한 사람도 크루즈는 괜찮으니 이것도 희한하다.

객실 온도는 내 맘대로 조절할 수 없다. 온도 조절기가 있기에 온도를 내리거나 올려봐도 매한가지였다. 실내 온도가 쾌적한 온도로만 유지될 뿐이다. 그래도 호텔 방보다 편안해서 잠을 푹 잘 수 있었다.

둘째 날, At sea

14층 선수(船首)에 위치한 뷔페에서 아침을 먹는다. 테이블에 앉아 배의 앞쪽을 바라본다. 6시 15분에 해가 뜬다고 했는데 수평선 너머로 붉은빛이 구름에 가려 얼굴을 내밀까 말까 망설이고 있다. 선수는 조용하기가 눈 온 날 밤처럼 고요하다. 이른 새벽이라 사람이 없어 더욱 그러하다.

크루즈 선미(船尾) 쪽에는 동력을 일으키는 프로펠러가 뒤집어 놓은 바닷물이 마치 맥주를 부어놓은 듯 물거품을 일으키며 용의 꼬리처럼 길게 이어진다. 꼬리만 길게 이어지는 게 아니라 거대한 폭포수가 떨어지는 소리를 낸다. 바닷물을 뒤집어 놓아 일어나는 거품과 함께 바다 내음도 풍긴다. 비리지도, 짜지도 않은 신선하고 상쾌한 냄새가 코끝을 자극한다.

넓은 뷔페식당에는 몇 안 되는 승객이 아침을 먹고 있다.

어떻게 알아차렸는지, 몇몇 사람은 개인 물병이나 보온병을 가지고 와서 식탁 위에 올려놓았다. 식사 후에 마실 것을 담아갈 요량이다. 커피를 담아가는 사람, 오렌지 주스를 담아가는 사람, 얼음물을 담아가는 사람 등. 나는 사과 하나만 달랑 들고 나왔다.

어제 점심과 저녁만 먹었는데도 아침에 일어나니 얼굴에 살이 오른 것이 보였다. 식탐은 금물이다. 크루즈에는 늘 맛있는 음식과 보기 좋은 떡이 많아서 먹으려 들면 끝이 없다. 어제는 먹는 유혹과의 싸움에서 전사 노릇에 실패한 날로 기록되었다. 아침 식사 후 아내는 곧바로 줌바(Zumba) 클래스로 향했다.

점심 식사로 샐러드만 두 접시 먹었다. 저녁에는 마카로니(Macaroni)와 스페인 음식인 돼지 뒷다리를 훈제해서 얇게 자른 고기(Prosciutto Crudo)로 간단하게 배를 채웠다.

늦은 밤에는 15층에 있는 농구장에서 공을 던졌다. 공이 연거푸 들어가면 재미가 쏠쏠하다는 걸 알았다. 아내는 야외에서 대형스크린으로 보여주는 영화 구경에 빠져 있다.

이미 알고 있는 일이지만, 배에서 일하는 직원들은 대부분

가난한 외국인이다.

우리 객실 청소 담당 스튜어드는 필리핀 여자 '메리'다. 영어는 곧잘 한다. 그녀는 자그마한 체구에 립스틱을 짙게 바르고 동그란 두 눈을 깜박이는 여성이다. 아이가 셋 있다고 했다. 객실 18개를 담당한다고 한다. 오전에 9실, 오후에 9실을 청소한다. 일 년에 9~10달 정도를 일하고 2~3달 동안 휴가를 보낸다고 했다. 휴일도 없다고 했다. 입항해도 하선할 수 없다. 그렇게 열 달 동안 흙을 밟지 못하는 인생을 자그마치 10년째 보내고 있었다.

호화선은 즐기는 곳인 줄만 알았는데 보이지 않는 곳에 고달픈 삶이 숨어 있음을 알 수 있었다.

뷔페에서 웨이터로 일하는 사람들도 필리핀 출신이다. 대부분의 크루즈는 저렴한 임금 때문에 외국 노동자를 쓰는 게 일반적이다. 1980년대에는 한국인들이 많았는데, 그러다가 인도네시아(Indonesia) 출신의 노동자들로 들끓더니 이제는 필리핀 사람들이 대부분의 자리를 차지했다.

1986년도에 마이애미(Miami)에서 처음으로 캐리비언 크루즈를 탔을 때의 일이다. 방에 들어가 보니 청소 담당자가 '김계원'이라는 명패가 걸려 있었다. 이름을 보고 깜짝 놀랐던 일이 기억난다. 대구 출신인 젊은 김 씨는 가족과 헤어져 10달을 바다에서 보내야 하는 직업이 진절머리가 난다고 했다.

외국인 노동자들의 시중을 받다 보면 까다롭게 굴지 않아서 좋다. 외국인 노동자들과 영어로 소통하면 그들은 모르는 게 많은 만큼 대신 말을 잘 듣는다. 그들 나름대로 최선을 다해서 하라는 대로 한다. 그러나 영어를 잘하는 미국 노동자들은 자신이 비록 노동자일지언정 동양인을 대우해 줘야 하는 입장에 서면 열등감인지 우월감 때문에 그러는지 몰라도 뻔히 아는 것도 다시 묻는다. 의미이든, 발음이든 좌우지간 어떤 우월감을 과시하려는 듯이 말한 사항에 대해서 한 번 되짚고 넘어간다. 이럴 경우에는 말려들지 않아야 한다. 괜히 두, 세 번 되풀이해서 대꾸해 줄 필요 없다. 너는 알아들어야 하는 처지라고 무시해 버리는 게 좋다는 것을 일찌감치 깨달아 알고 있다. 나는 즐겨야 하는 입장이고, 승객은 모두 호강하고 즐거워야 한다.

호화선인 크루즈에는 즐기는 사람만 있는 줄 알았는데, 그 이면에는 2,200여 명의 승객을 호강시켜 주기 위하여 900여 명의 종업원이 보이지 않는 고된 삶을 이어가야 한다는 모순이 숨어있다.

셋째 날, At sea

〈크루즈에서 바라본 일출 1〉

파나마 운하를 향해 망망대해를 항해한 지 3일째다.

오늘은 새벽 6시 15분이 일출 시각이라고 했다. 아침에 커피 한잔을 마시면서 밖을 내다보면 해가 떠오르는 게 보인다. 안 보려고 해도 일출밖에는 보이는 게 없어서 안 볼 수가 없다.

태양은 매일매일 다른 모습으로 떠오른다. 아침마다 수평선

〈크루즈에서 바라본 일출 2〉

너머로 떠오르는 태양은 똑같을 것 같지만 그렇지 않다. 어제는 붉은 노을을 앞세워 태양이 수평선을 박차고 일어서더니 오늘은 구름 사이로 빨간 얼굴만 빼꼼히 내민다. 내일은 어떤 모습으로 다가올지 가슴을 설레게 한다. 태양과 수평선은 늘 그대로인데 중간에 끼어있는 구름이 태양을 달리 보이게 한다는 사실을 알게 되었다. 사람도 그 사람 그대로인데 중간에 끼어드는 욕심이 그를 달리 보이게 한다는 생각을 해 본다.

한낮의 태양은 날렵하고 가볍다. 그러나 밤새도록 숨어 잠자고 일어나는 태양은 몸이 무겁다. 붉고 둥근 덩치를 이끌고 힘겹게 일어선다. 마치 일어나기 싫어 투정 부리는 아들처럼 뒤에서 떠밀리는 모양으로 일어난다. 아침 창문 너머로 투정 부리는 태양이 정겹게 보인다.

한번 떠오르기 시작한 태양은 커피 한 잔 마시고 돌아볼 시간도 없이 금세 높이 서 있다. 떠오르는 속도가 너무 빨라서 달리기 육상 선수를 보는 것 같다. 태양이 하늘에 있을 때는 움직이는 속력을 못 느끼지만, 수평선에 있을 때는 속도가 선명하게 드러난다. 짐작해 보건대 지구가 얼마나 빠른 속도로 돌고 있는지 알 것 같다. 고속도로를 질주하는 것처럼 그렇게 빨리 달린다. 인생도 그렇다.

7층 선상을 걸었다. 빠른 걸음으로 한 바퀴 돌면서 시간을 재보니, 돌아오는 데 6분 정도 걸린다. 10바퀴를 돌고 났더니 땀이 난다. 선상 비치 의자에 앉아 작가 이태준의 단편소설 「복덕방」을 읽는다. 구한말과 일본 강점기를 살고 간 노인들의 이야기다. 그때도 부동산 투기가 있었고, 노인들의 비애가 있었다. 딸에게서 안경다리를 고치겠다는 핑계로 50전씩 얻어 궐련을 사서 피우는 노인. 아버지에게 50전 주기를 아까워하면서도 아버지가 죽으면 보험금을 타려고 생명 보험금 내는 것은 아까워하지 않는 딸. 결국, 가난한 노인이 자살로 생을 마감하는 작태가 어쩌면 백 년이 지난 지금도 똑같이 전개되는지, 읽으며 많은 생각이 들었다. 늙었어도 돈만 있으면 사회와 타협하면서 살아갈 수 있는 미국 노인들이 부럽다. 오늘은 크루즈와 계약을 맺고 늙은 몸의 행복을 맡겨버린 미국 노인들이 부럽다.

끝없는 바다를 바라본다. 망망대해에 까마득히 먼 수평선(水平線)만이 보인다. 수평선은 하늘과 바다의 경계를 뚜렷하게 나눈다. 물과 불이 합칠 수 없듯이, 하늘과 바다는 영원히 합칠 수 없다는 것을 명확하게 말해 준다.

저녁 만찬을 마치고 토드 애덤슨(Todd Adamson)의 쇼를 보러 극장으로 향했다. 아역 배우였던 토드는 톰 존스(Tom Jones)의 노래도 부르고 〈오페라의 유령〉도 불렀다. 공연 도중, 전역 군인들은 자리에서 일어나 주기 바란다고 했다. 줄잡아 2~30명은 될법한 인원들이 자리에서 일어섰다. 나라를 위해 싸워 준 이분들을 위해 박수를 부탁한다고 해서 모두 그들의 은공에 보답이라도 하는 것처럼 박수를 보냈다. 미국은 이처럼 작은 행사에서도 전역 군인들을 대우해 주는 관례가 있는데, 매우 보기 좋은 현상이다. 바로 이 점이 미국의 힘이기도 하다.

넷째 날, 멕시코 로스 카보스(Los Cabos)

〈로스 카보스가 자랑하는 풍경〉

크루즈는 항해를 시작한 지 나흘 만에 멕시코 바하(Baja)반도의 맨 끝자락 카보 산 루카스(Cabo San Lucas)의 '로스 카보스(Los Cabos)'에 닿았다.

앤젤레스 앞에 로스를 붙여 로스엔젤레스(Los Angeles)로 부르는 것처럼, 아니면 베이거스 앞에 라스를 붙여 라스베이거스(Las Vegas)로 부르는 것처럼 스페인어(Spain 語)는 앞에 정관사를 붙이는 경우가 많다. 이처럼 카보스 앞에 로스를 붙여 이루어진 단어가 바로 로스 카보스(Los Cabos)다. 그러나 보통 멕시코 사람들이 말할 때는 간단하게 카보스라고 부른다.

카보스는 사막이다. 나무가 없다. 넝쿨 내지는 선인장만 있다. 도로 가로수도 키 큰 선인장이다. 대부분의 집은 해안을 끼고 있는 경사진 비탈에 지었다. 나무나 숲이 없어서 삭막해 보인다. 집마다 전망이 없는 집이 없을 정도다.

로스 카보스는 작은 도시지만, 관광 산업으로 먹고사는 도시여서 호텔과 모텔이 73개나 된다. 대형 브랜드인 힐튼(Hilton)이 있는가 하면, 작고 지저분한 모텔도 있다.

이곳이 고향인 멕시칸 관광 가이드가 하는 말은 어쩌면 멕시코 사람들의 철학을 대변하고 있는 것처럼 들린다.

"행복한 지혜가 곧 행복한 인생이다. 주말에는 늘 축제(Festival)가 열린다. 테킬라(Tequila)를 마시고 춤으로 밤을 새운다."
멕시코는 영원히 멕시코로 남을 것이란 생각이 들었다.

멕시코에서 내세울 만한 산업은 없다. 대부분의 물품은 모두 외국산이다. 신발에서 자동차까지 모두 외국산이다. 설혹 멕시코산(産)이라고 쓰여 있는 것도 자세히 보면 멕시코산 코카콜라(Coca-Cola), 세븐업(7 Up) 등으로 남의 나라 제품들을 가공한 것이다. 유통업까지도 미국 산업이 다 점유하고 있다. 코스트코(COSTCO), 월마트(Wal-mart), 홈디포(The Home Depot), 오피스디포(Office Depot) 등이 그 예다. 멕시코나 캐나다(Canada)는 미국 산업이 모두 장악하고 있어서 마치 미국 산업의 식민지를 연상케 한다.

이런 글로벌 기업이 멕시코의 가난을 벗어나게 한 것은 사실이지만, 국민에게 독과점, 독식 등의 행위를 규탄받는 것도 사실이다. 우리나라도 재벌에 의해 가난을 벗어난 건 사실이지만, 그렇다고 갑질을 눈감아줄 수는 없는 것처럼 멕시코를 위시해서 중남미 사람들은 언제나 혁명의 아이콘 '체 게바라(Che Guevara)'를 예수만큼 열망한다. 반미 아이콘 '체 게바라'를 열망하는 것이다.

크루즈에서 하선해서 시내를 다니다 보면 마치 거대한 크루즈 선이 내 것인 양 어깨가 으쓱해지면서 자랑스러운 기분을 느낀다. 가난한 현지인들이 기분을 부추기는 바람에 그런 기분이 드는 측면도 있다. 오만불손(傲慢不遜)한 기분이겠지만, 기분은 내가 마음대로 조절할 수 있는 게 아니다. 나도 모르게 생겨나는 것이다. 나도 모르게 오만불손해진다. 크루즈가 내 것이어서라기보다는 미국 시민권이 어깨에 힘을 실어주는 게 아닌가 하는 생각을 해 본다. 마치 도널드 트럼프(Donald Trump) 미국 대통령이 자국의 위세를 등에 업고 겁 없이 큰소리칠 수 있는 것처럼 미국 시민권의 위력이 나로 하여금 오만불손한 감정을 여지없이 발휘하게 만든다. 이쯤 되니 중남미 사람들이 '체 게바라'를 존경하는 까닭을 알 것 같다. 그러면서 한편으로는 돈도 안 쓰면서 거드름을 피우는 것 같아서 미안한 생각도 든다.

시청 앞 작은 광장에서 한 시간 동안의 자유 관광 시간을 즐기게 되었다.

광장으로 들어서니, 골목마다 경찰이 기관총을 메고 경비를 서고 있는 모습이 특이하고 이상하게 보였다. 이상하게 보이는 까닭은 평화로워 보이는 시장에서 기관총을 당장 쏠 것처럼 준비하고 서 있는 모습 때문이다. 시청 입구에도 무장 경찰 네 명이 기관총을 메고 준비태세로 서성거린다. 전쟁터도 아니면 서 멀쩡한 대낮에 이게 웬일인가? 관광 가이드에게 물어보았 다. 갱(Gangster)이 많아서 그렇단다. 젊은 갱, 작은 규모 갱, 큰 조직의 갱 등 여러 갱이 이유 없이 사람을 죽이고 도망가기 때 문에 기관총을 메고 지키는 거란다.

여러 총기 사고가 발생함에도 미국에서 총기 규제를 하지 않 는 것을 이상하게 생각하는 사람들이 많다. 신대륙의 신생국 들은 치안이 불안해서 총기 소유를 허락하는 것을 구대륙 사 람들은 이해하지 못할 것이다.

포장마차에서 타코를 직접 만들어서 파는 여인이 있다. 맛 이 어떨까 해서 사 먹어보았다. 타코 속 고기 맛이 소고기 타 말리아 맛과 비슷하다. 가난한 주인을 닮아 맛도 가난하다.

가난이 죄는 아니라고 누가 말했나?

나라를 가난하게, 가정을 가난하게, 자식을 가난하게 만들 어 놓는 것은 죄라는 생각이 든다.

가난하게 태어나는 것은 죄가 아니지만, 가난을 물려주는 것은 죄가 맞다. 가까운 예로 북한을 꼽을 수 있지 않은가.

다섯째 날, At sea

〈프린세스 코랄(Princess Coral)〉

푹 자고 일어났다. 눈을 떠서 시간을 확인해보니 7시다. 어젯 밤 9시가 조금 넘어서 잠자리에 들었는데 정신없이 자다니, 근래에 보기 드문 일이다. 나만 그런가 했더니 아내도 잘 잤단다. 일어나지 않고 뒤척이면서 왜 잠이 잘 오는가 생각해 보았다.

잠이 잘 오는 것에 대해 심리적인 부분에서 생각해 보았다. 크루즈 여행에서는 일상적인 상념이 다 사라지고 근심, 걱정이 없게 되는 심리적인 현상이 발생한다. 그저 매 순간이 평화로울 뿐이다. 종교를 믿는 사람들의 천국이 마치 이런 게 아닌가 하는 생각이 든다.

과학적인 현상도 생각해 보았다. 크루즈에서는 늘 나 스스로 내 몸이 선상에 있다는 것을 감지하고, 서 있을 때나 걸어갈 때, 누워있는 순간에도 몸의 중심을 잃지 않으려고 나도 모르게 신경을 쓰는 모양이라고 생각했다. 24시간 내내 체중의 중심을 잡으려고 무의식 속에 신경이 경계(Alert) 상태를 유지하는 것이 몸을 고단하게 만드는 것이 아닐까 하는 생각을 해 본다.

관습적인 이유로는 마치 어린 아기를 잠재울 때 엄마가 안고 슬슬 흔들면서 잠을 재우면 금세 잠에 빠지는 것처럼 배가 슬슬 흔들어 주기 때문에 잠이 잘 오는 것이라고 생각했다. 아니면 엄마의 뱃속, 자궁 속에 들어와 있기 때문일지도 모른다.

아침을 먹으러 옷을 차려입고 보르도 다이닝 룸으로 향했다. 웨이터가 일렬로 서서 아침 인사를 해 댄다. 마치 사열대

앞을 지나가는 개선장군처럼 웨이터의 안내를 받으며 식당에 입장했다. 오늘 아침 메뉴는 오믈렛(Omelet)이 좋다고 해서 오믈렛과 베이컨 세 개, 토스트와 우유 한 잔을 시켰다. 아침 다이닝 테이블에서 맹물처럼 맛없는 커피는 마시고 싶지 않다. 이곳에서 마시는 커피의 맛은 카페에서 사 마시는 커피 맛에 비교할 게 못 되기 때문이다.

웨이터가 얼음이 섞여 있는 물을 한 컵 따라 준다. 식탁 위 물 잔에 담긴 물이 전혀 흔들리지 않는 것으로 보아 배가 얼마나 고요하고 잔잔하게 운행하는지 알 수 있다. 직사각형의 각진 네 곳 귀퉁이를 둥글게 처리한 선창(船窓)을 통해 밖을 내다본다. 유리창에 땀방울 흐르듯 물방울이 흘러내린다. 마치 식탁 위의 물을 담아 놓은 유리컵에서 물방울이 맺혀 흐르는 듯했다. 창문의 1/3을 정확하게 가로질러 수평선이 황금 비율로 하늘과 바다를 가르고 있다. 하늘과 바다는 물과 기름처럼 섞일 수 없는 운명을 타고난 것 같다는 생각을 해본다.

검푸른 바다에 파도는 여전하고 바다는 요동치고 있는데 육중한 크루즈의 다이닝 테이블은 고요하고 평화롭다.

식사 후에는 걷기로 했다. 7층으로 내려가 갑판을 걸었다.

바다 내음이 신선하고 향기롭다.

30분을 걸어도 숨이 찰 만큼 빠르게 걸어야 운동이 된다는 것이 상식이지만, 모두 뒤뚱대며 느릿느릿 걷는다. 그들을 지나 이리저리 앞서 걸었다. 내 딴에는 빨리 걷는다고 걷는데, 뒤에서 "excuse me."라는 말과 함께 조금 통통한(Chubby) 여자가 나를 앞질러 갔다. 귀에는 노란 이어폰을 끼고 뒷주머니에 휴대전화 끄트머리가 보이는 것으로 보아 음악을 들으며 걷는 모양이다. 조금은 오기가 나기도 했고, 앞서가는 여자가 흔드는 엉덩이도 볼만해서 같은 속도로 걸었다. 그래도 내 속도보다 조금 빠르다. 흥에 겨운 음악이 나오는지 양손을 춤추는 형국으로 흔들며 걷는다. 한참 따라가다가 결국 포기하고 내 속도로 돌아왔다. 남들과 경쟁하듯 일렬로 서서 걷는 것도 그렇고, 남을 의식하면서 걷는다는 것은 참기 어려운 고역이며 스트레스다.

지난번보다 더 많이 걸었다. 걸어도, 걸어도 지치지 않는 것은 그만큼 신선하고 흥미롭기 때문이리라.

걷는 사람 중에는 노인이 많다. 약간 중풍에 걸린 노인이 다리를 절면서 걷는가 하면, 두 손을 쉴 새 없이 흔들어대는 파킨슨병(Parkinson's disease)에 걸린 할머니도 있다.

그리고 그중에서도 중국인들은 어딜 가나 티가 난다. 그들의 오성음(五聲音)은 억양을 조절하는 데 문제가 있는 게 아닌가 하는 생각이 든다. 중국인들이 떠드는 소리는 멀리서도 들린다. 중국인이 영어로 떠들어도 억양의 높낮이가 자신들의 모국어를 구사할 때처럼 같은 톤인 것을 보면 오성음의 문제가 아닌지 의심할 때가 있다. 그뿐만 아니라 중국인들은 건강을 먹는 것과 마시는 것으로 해결하려 드는 것 같다. 걸으면서도 차를 수시로 마시는 것도 그렇고 아예 차를 담은 병을 들고 걷기도 한다.

얼마든지 더 걸을 수 있었지만, 내일을 생각해서 스스로 자제했다. 산책을 마치고 객실로 들어와 샤워했다. 아내는 먼저 샤워하고 어딘가로 나간 것으로 보아 다음 프로그램을 찾아간 모양이다.

크루즈 여행을 간다고 해서 여행을 대비해 특별히 산 물건은 없다. 다만 목 짧은 등산화가 가격에 비해 괜찮은 것 같아서 한 켤레 샀다. 이 등산화는 크루즈와는 상관없이, 그저 기존에 신고 다니던 목 짧은 등산화가 조금 낡았기에 샀을 뿐이다. 그러나 크루즈 여행을 가기로 했으니 가능하면 짐을 작게 꾸리려고 흰 운동화까지 챙길 필요 없이 목 짧은 등산화로 두 몫을 담당하게 했다. 새로 산 신발에게 실력 발휘의 기회를 주기로 한 것이다.

2주가 넘는 장기간 동안 발에 불편한 신으로 여행하는 것처럼 불행한 일도 없다. 그래서 집에서 미리 신발을 신어보기로 했다. 운동을 나갈 때마다 새 운동화를 신고 걸었다. 한 시간을 걸어도 발바닥이 특별히 아프거나 불편한 것 같지 않아서 아무 의심 없이 새 신발을 신고 크루즈 여행을 떠났다. 그러나 운동하느라고 잠시 신는 것과 신고 생활하는 것은 다르다는 것을 얼마 지나지 않아 알 수 있었다. 여행 첫째 날, 둘째 날까지도 그런대로 지낼 수 있었다. 그러나 발바닥이 슬슬 아프기 시작했다. 새 신발이라서 그런 것 같아 참아 보려고 했으나 점점 더 심해졌다. 큰일 났다는 생각이 들었다. 여행을 위해 가져온 신발은 신사 구두와 목 짧은 등산화뿐인데, 등산화를 못 신게 된다면 낭패다. "마누라와 신발은 헌 것이 편하다."는 속담이 떠올랐다.

다음 날, 신발 끈을 풀어 신발 맨 윗구멍에 충분한 여유를 주고 끈을 느슨하게 맸다. 발바닥이 아픈데 발등에 매여 있는

끈이 무슨 상관이 있겠나 하면서도 그 방법밖에는 없어서 그렇게라도 해 보았다. 그리고 조금씩 걸으며 시험해 봤다. 한결 편한 것 같다.

어제, 온종일 투어 가이드를 따라 다니면서 관광하고 쇼핑했어도 신발에서 오는 불편함이나 통증이 없었다. 오늘은 한 시간 정도 속도감 있게 걸었어도 발은 멀쩡하다.

조그만 것 하나 신경 써서 느슨하게 풀어준 것뿐인데 이렇게 마음에 들다니, 신기하기도 하고 고맙기도 하다.

부부 사이에도 조그만 것 하나만 느슨하게 풀어주면 서로 간에 매사 편안하고 마음에 들 거라는 지혜를 터득한 것 같아 기쁘다.

Atrium main deck에서 기타리스트 존 존(John Zorn)이 옛 노래를 불러준다. 1960년대 노래다. 노인들이 옹기종기 모여 앉아 듣고 있다. 〈You are my sunshine〉, 〈My way〉. 노래를 부르면서 사는 인생은 얼마나 행복한가 생각해 본다. 동화 속의 왕자 같다. 그러나 현실은 그렇지 않다. 노래가 생업이 되면 고달프다. 즐겁고 행복한 건 감상하고 있는 사람들일 뿐이다. 돈은 인생을 즐겁게 해주기도 하지만 고달프게도 한다.

⟨Classical Favorites by Imperial Trio⟩

저녁에는 유니버설 극장에서 임페리얼 트리오(Imperial Trio, 바이올린, 첼로, 피아노)가 연주하는 ⟨Classical Favorites⟩를 들었다. 귀에 익은 곡을 열 곡 정도 감상했다. 비발디(Antonio Vivaldi)의 ⟨사계(四季)⟩ 중 ⟨겨울⟩, 슈베르트(Franz Peter Schubert)의 ⟨아베 마리아(Ave Maria)⟩, ⟨헝가리안 집시⟩ 그리고 마지막으로 ⟨헝가리안 랩소디(Hungarian Rhapsodies) No. 2⟩를 연주했다. 바이올리니스트, 첼리스트, 피아니스트 세 분의 연주가 무대도 그렇고, 곡의 선정도 그렇고, 청중도 그렇고 상업

적이라는 생각이 들자 슬퍼 보였다. 이 악사들은 음악을 전공하면서 음악이 돈벌이의 수단이 되리라고 생각하지는 않았을 것이다.

문학성 깊은 주옥같은 단편들을 남긴 이태준 작가가 자신이 쓴 장편들은 대중소설이라고 고백한 것은 한 사람의 예술가가 세상에서 생업을 유지하고 목숨을 부지하기 위해서는 세상과 타협하는 것이 어쩔 수 없는 선택이라는 현실을 여실히 보여준 것이다. 슬픈 일이다.

밤의 여흥은 이어졌지만, 우리는 일찌감치 잠자리에 들었다.

여섯째 날, At sea

사방이 수평선인 게 이채롭다. 보이는 건 하늘과 바다뿐이다. 바다는 평평한 물이다. 평평한 곳에 모여 있는 물이면서 어디론가 흐른다. 평평한 바닷물이 왜, 어디로 흐르는지 궁금하다. 강물처럼 목적지가 있는 것도 아니다. 그저 흘러간다. 본인의 의지와는 상관없이 정처 없이 흘러가는 게 꼭 우리네 인생 같다는 생각도 든다.

바닷물은 소금기가 있어서 끈적거린다. 왜 소금기가 있을

까? 모르긴 해도 소금에 절여놓았기 때문에 물이 썩지 않고 싱싱한 게 아닐까? 모르긴 해도 물이 흘러가기 때문에 썩지 않고 신선한 게 아닐까? 물처럼 쉴 새 없이 달려야 병들지 않는다는 생각도 해 본다.

새벽에 객실 밖으로 나오다 보면 기도실에서 기도드리고 나오는 사람을 만날 때가 있다. 어느 날은 가톨릭 미사가 진행될 것이라는 문구가 기도실 앞에 붙어 있다. 이 역시 정신적으로 썩지 않으려는 몸부림이리라.

크루즈 내의 보석상에서 손님을 끄느라고 경품 추첨 행사를 한다. 아내는 혹시나 해서 경품 추첨 행사에는 빠지지 않고 이름을 적어 넣는다.

어제는 아내가 보석상에 다녀오더니 어떤 중국 여자를 흉보았다. 보석이 주렁주렁 달린 목걸이를 여러 개 하고 다섯 손가락에 반지가 다 끼어 있더란다. 그녀가 보석상에서 마음에 드는 반지를 골랐는데 가격이 자그마치 2,900달러였다. 마음에 들어 하니까 종업원이 손가락에 끼어 보라고 했다. 그녀가 내미는 손가락마다 반지가 끼어 있어서 결국 검지에 있는 반지를 빼놓고 새 반지를 시도했다. 종업원은 그녀가 잠시 빼놓은 반지도 사파이어로 가격이 수천 달러는 될 거라고 웃으면서 이야기했다. 옆에서 듣고 있던 아내는 기가 질려서 34달러짜리 가짜 반지를 사려다가 슬그머니 놓고 구경만 했다고 한다. 남편이 중국 식당을 크게 해서 돈을 많이 번 모양이라고 생각했다. 내게 그 이야기를 들려주는데 "돈 잘 버는 남편을 둔 여자가 다르긴 다르더라."는 말이 듣기 싫었다.

오늘은 줌바 클래스에 다녀오더니 내가 별로 듣고 싶어 하지 않는 그 여자 이야기를 신이 나서 떠든다. 무슨 이야기인가 했다. 어제 보았던 그 중국 여자를 줌바 클래스에서 다시 만났단다. 목걸이며 반지는 여전히 주렁주렁 매달고, 바지만 운동복을 입었더란다. 그녀가 뛸 때마다 목에서 목걸이가 덜렁거리는데 운동하러 오는 사람치고 그런 사람이 어디 있느냐는 거다. 클래스가 끝나고 나서 한국 사람이냐고 묻더란다. 여태까지 영어로 대화하다가 갑자기 한국말이 튀어나와서 깜짝 놀랐단다. 거기다가 주책없이 보석을 사들이던 그 여자가 중국인이 아니라 한국인이라니, 놀라 자빠질 뻔했단다. 2,200명 크루즈 승객 중에 한국인을 딱 한 사람 만났는데 그 여자가 그 여자라니……

〈On the Bayou〉

　오늘은 저녁 식사가 끝나기 무섭게 유니버설 극장으로 달려 갔다. 〈On the Bayou〉라는 뮤지컬 공연 상영이 있기 때문이다. 뉴올리언스(New Orleans)와 관련된 유명한 노래는 다 부르는 뮤지컬이다. 뮤지컬 배우들은 언제나 발랄하고 활기차다. 공연을 보고 있자니 나까지 힘이 솟아난다.

〈공연이 끝난 다음 출구에서 퇴장하는 관객들을 즐겁게 해 주는 뮤지컬 배우들〉

모든 직원이 크루즈 여행객을 위해 정성을 다하는 게 눈에 보인다.

여덟째 날, 니카라과(Nicaragua)

⟨2013 'Del Tropico', Sergio Velasquez 作. 니카라과 국립 박물관 소장⟩

크루즈의 뷔페는 새벽 6시에 문을 연다. 6시가 되려면 아직 30분이나 남았는데 뷔페 문 앞에는 벌써 사람들이 우글거린다. 뭍으로 나가려고 일찍 서두는 모양이다. 나도 휩쓸렸다.

구름이 약간 끼고 새벽인데도 선선한 것으로 보아 낮에는 더울 것 같다. 태양은 구름에 가려 보이지 않는다. 고요하고 평화로운 니카라과의 아침이다. 항구에서 멀리 떨어진 바다에

크루즈 여행 꼭 알아야 할 팁 28가지

크루즈가 정박했다. 뭍까지 텐더(Tender) 보트로 실어 나를 모양이다.

니카라과에 대해 여러 사항을 간략하게 소개하고자 한다. 니카라과는 가난한 나라다. 가난한 나라가 다 그러하듯이 땅도 황량하고 메말라 있다. 니카라과의 인구는 650만 명으로, 그들 스스로 니카라과는 중앙아메리카에서 가장 안전한 나라라고 자랑한다.

마약의 일종인 코카인은 90%가 콜롬비아(Colombia)에서 생산되는데 생산된 코카인은 미국으로 가져가야 한다. 그리고 그 운반로 중앙에 바로 니카라과가 자리 잡고 있다. 그 때문에 니카라과 정부에서는 경찰력을 동원해서 운반로를 차단하고 있다고 한다.

니카라과의 전기 공급은 2007년에 7%에 불과했는데, 2018년에는 90%에 달한다는 점 또한 니카라과의 자랑이다.

니카라과의 주 생산품으로는 커피, 설탕, 소고기, 쌀 등이 있다. 그러나 니카라과의 주 수입원으로 가장 큰 비중을 차지하는 것은 관광산업이다. 1990년에 처음 크루즈 선이 니카라과에 정박하기 시작했고 작년에는 79척이 들어왔다. 총 관광인구가 2백만 명에 달한다.

니카라과에서 두 번째로 큰 수입원은 미국에 가 있는 가족들이 본국에 남아있는 가족에게 송금해 주는 돈이다. 송금해 오는 돈이 국가 수입의 근간이라니, 마치 1960년대의 한국을 연상케 한다.

니카라과 국민들이 가장 즐기는 스포츠는 야구, 권투, 축구다. 야구는 니카라과 출신 투수가 미국 메이저 리그에서 기록을 세웠던 것이 지금도 자랑거리이고, 권투는 지금은 사망한 선수로 세계 챔피언 자리에 올랐던 영웅을 지금도 기리고 있다. 축구는 중앙아메리카에서 꼴찌라고 한다.

〈모터 택시〉

니카라과에는 바이시클 택시(Bicycle taxi)와 모터 택시(Motor taxi)가 있다. 바이시클 택시는 베트남(Vietnam)의 시클로(Cyclo)와 같다.

니카라과에는 자체 생산하는 와인이 없다. 와인은 칠레(Chile)산 와인을 마신다. 이유인즉슨 스페인 왕이 니카라과에서 와인 생산을 허락하지 않았기 때문이란다. 결국, 1998년에 이르러서야 와인 재료인 포도를 경작하기 시작했다.

〈로터리에 있는 체 게바라의 사진〉

한편으로, 중남미 국가들이 그러하듯이 니카라과도 예외는 아니다. 그들 또한 반미 깃발을 든 '체 게바라(Che Guevara)'를 진정한 영웅으로 모신다. 그의 사진이 로터리(회전교차로)에 모셔져 있는 것이 니카라과 시민의 마음을 단적으로 보여주는 예다.

사실 니카라과뿐만 아니라 중앙아메리카의 여러 나라는 미국의 경제적 속국이라고 말해도 과언이 아니다. 산업과 유통업까지 미국 회사들이 장악하고 있다.

멕시코 로스 카보스에 들렀을 때도 미국 유통업이 대부분의 기간 산업을 모두 차지하고 있었다. 맥도날드(Mcdonalds), 버거킹(Burgerking), 스타벅스(Starbucks), 월마트(Walmart), 코스트코(Costco), 월그린(Walgreen) 등 이름만 대면 알만한 글로벌 기업들이 대거 포진해 있다. 니카라과 역시 매한가지다. 미국에 있는 월마트처럼 거대한 매장까지는 아니지만(경제 규모가 못 미치므로), 작은 마트 형태로 'Poli'라는 마트가 600여 개나 있다. 이 것이 월마트가 운영하는 니카라과식 월마트라고 한다. 자동차는 미국산과 일제 기업인 도요타(Toyota)가 장악했고, 그 틈새를 현대(Hyundai)가 쑤시고 들어가는 중이다. 관광버스만 해도, 벤츠(Benz)를 브라질(Brazil)에서 조립한 대형 버스다.

중앙아메리카에서 체 게바라를 영웅으로 떠받드는 까닭은 경제 식민지에서 벗어나야 한다는 염원 때문이다. 쿠바(Cuba)의 피델 카스트로(Fidel Castro)가 그렇고, 2013년에 사망한 베네수엘라(Venezuela)의 독재자 우고 차베스(Hugo Rafael Chavez Frias) 역시 석유를 미국에 수탈당하면서 국민이 아무런 혜택도 얻지 못하자 결국 국민들이 들고일어났던 것이다.

　　나는 미국에서 살면서 미국 정부의 혜택을 받는 입장이지만, 백인들, 그것도 영어권 국가가 가난한 국가를 도와주기는 커녕 수탈해 가는 '미국 우선주의'에는 반대하고 싶다.

〈무쇠 나무(Iron tree)〉

니카라과의 대통령은 '다니엘 오르테가(Daniel Ortega Saave-dra)'이다. 11년째 대통령 권좌에 앉아 있다. 현재 대통령은 나이가 들어 그의 부인이 니카라과를 통치한다. 부인은 프랑스 유학을 다녀왔다고 한다. 그녀의 작품으로 〈무쇠 나무(Iron tree)〉가 탄생했고, 니카라과의 도시 가로수는 무쇠 나무를 심은 곳이 많다. 해변에 심었는지, 장치해 놓았는지 아무튼 무쇠 나무가 많다.

〈마리아 할머니〉

니카라과 카타리나(Catarina) 호수는 지금으로부터 2500년 전에 화산 폭발로 만들어진 천지(天池)다. 천지를 보러 갔다가 수공예품을 파는 니카라과의 가난한 할머니를 만났다. 그녀의 이름은 '마리아'라고 했다. 왜소한 몸집에 찌들고 까무잡잡한 피부와 얼굴에 파인 주름살이 니카라과의 삶이 얼마나 고달 픈지 여실히 보여주고 있다. 모델료로 1달러를 드리고 사진 촬 영을 허락받았다.

아홉째 날, At sea

아내는 새벽에 잠을 깨우는 걸 제일 싫어하고, 나는 새벽 5 시에 일어나 우유 한 컵을 마시는 습관이 있다. 습관이나 버릇 이라는 것은 이상해서, 해야 할 것을 거르면 마치 어디가 덧나 기라도 하는 것처럼 께름칙하다.

식당이 6시부터 연다고 해서 새벽 6시가 되기도 전에 호라 이즌 뷔페로 갔다. 나보다 먼저 와 있는 사람들이 있다. 아직 준비도 채 못다 한 식당에서 먹을 것을 찾아다닌다. 우유 한 컵을 들고 창가에 앉았다. 웨이터가 커피를 마시겠느냐고 묻 는다. 일전에 보온병에 커피를 담으려고 헤매고 다니던 할머니에게 뷔페 위치를 가르쳐 준 일이 있는데 그 할머니가 꼭두새벽에 커피를 담으려고 보온병을 들고 뷔페로 걸어 들어온다. 할머니도 커피 마시는 버릇에서 못 벗어나는 모양이다.

〈채소 조각품〉

　세 명의 셰프(Chef)가 나와 채소로 조각품을 만드는 경연을 보여준다. 규칙은 빨리 만들어야 하고, 잘 만들어야 하고, 보기에 좋아야 한다는 것이다. 한 사람이 작품 3점씩 만들었다. 솜씨를 발휘하는 모습을 보니 대단하다. 순식간에 작품 하나씩 곧바로 만들어 내는 꼴이, 연습을 꽤 했겠다는 생각이 든다. 별걸 다 재주로 치는 세상이 돼서 아무거나 잘하면 먹고사는 시대다.

〈패션쇼〉

오늘은 크루즈에서 패션쇼도 진행된다. 나이 든 사람들이
지만 그런대로 차려입고 멋을 부린다. 내 생각으로는 크루즈
의 패션쇼라는 것은 옷을 선보이는 게 아니라 여자를 구경하
는 재미다.

잘생겼다거나 멋지다고 생각하는 사람은 앞에 나서고 싶어
한다. 우쭐하는 기분이 요동 쳐서 뭇 사람들에게 자신의 모
습을 보여주고 싶은 심리가 발동하는 모양이다. 한바탕 무게
를 잡고 걸어갔다 오면 걷는 사람은 기분이 좋고, 기분 좋아하
는 사람을 보고 있으면 보는 사람도 덩달아 기분이 좋아진다.

이런 행사는 활력소를 불어넣어 주는 행사들이니 한 번쯤 가볼 만하다.

〈수채화 그리기 대회〉

오후에는 수채화 그리기 대회가 열렸다. 네 사람이 돌아가면서 그림을 그린다. 첫 번째 사람이 2분간 그리다가 자리를 옮겨 옆 사람이 그리던 다음 그림을 더 그린다. 2분 후에는 다음 그림으로 자리를 옮겨 좀 더 그림을 그린다. 이런 방식으로 네 명이 자리를 옮기며 그림을 그리다가 자신이 처음 시작한 위치로 돌아오면 자신의 그림을 완성하는 것이다. 이렇게 하면 처음 의도와는 달리 엉뚱한 그림이 탄생한다. 앞의 사람이 무슨 생각으로 그렸는지 짐작이라도 해야 그림이 진전된다. 웃기자고 하는 짓이니 안 웃을 수가 없다.

〈경마를 즐기는 모습〉

크루즈에서는 간이 경마도 즐길 수 있다. 빙고처럼 탁구공을 돌려서 나오는 번호에 몇 번 말이 얼마만큼 달린다고 적혀 있다. 다섯 사람이 1번에서 5번 말이 되어 탁구공에 적혀 나온 문구를 보고, '3번 말 두 칸 앞으로' '1번 말 한 칸 앞으로' 하는 식이다. 의외로 반전에 반전이 거듭되는 경기라서 재미있다.

크루즈에서는 여러 상품을 파는데, 오전 세일이 어젯밤 세일과 다르고, 오후 세일이 오전 세일과 다르다. 그야말로 세일이 눈 깜짝할 사이에 바뀐다. 오후로 들어서면 2시간마다 세일 상품이 바뀐다. 벼락세일인 모양이다. 아침을 같이 먹었던 제니퍼 할머니가 손주에게 시계나 선물하겠다면서 나더러 하나 골라달라고 부탁한다. 손목시계의 크기를 보니 너무 커서 어찌 차고 다니겠느냐만 그것도 유행이라 청소년들에게는 그럴듯해 보일 테니 선물해도 되겠다는 생각이 들었다. 케이스에 잘 포장까지 해 주는데 10달러이니, 벼룩시장보다 싸다는 느낌이다.

〈크루즈 내 공연 모습〉

저녁에는 프린세스 극장과 유니버설 극장에서 각각 쇼 공연이 있다. 미국인들이 가장 좋아하는 코미디 쇼 공연이다. 미국에서 태어나지 않고 태생이 다른 사람에게는 코미디 쇼처럼 이해하기 어려운 쇼도 없다. 코미디는 그냥 즐기는 게 아니다. 역사와 관습, 시대적 배경, 상황을 다 알고 있어야 공감을 불러일으킬 수 있는 분야다. 그래도 코미디 중에서 흉내 내는 쇼는 그런대로 볼만하다. 흘러간 가수들의 흉내를 내기 때문에 이해하기 쉽다. 톰 존스(Tom Jones), 윌리 넬슨(William Hugh Nelson), 토니 베넷(Tony Bennett), 딘 마틴(Dean Martin), 냇 킹 콜

(Nat King Cole)과 그의 딸 내털리 콜(Natalie Cole) 그리고 마이클 잭슨(Michael Jackson)까지 흉내 낸다. 어쩌면 그리도 똑같이 불러대는지, 웃지 않을 수 없다. 유명인사를 흉내 내는 쇼도 그렇다. 자니 카슨(Johnny Carson), 빌 클린턴(Bill Clinton) 전(前) 대통령, 조지 번즈(George Burns) 등 누구나 들으면 알만한 사람들을 흉내 내서 관객들의 흥을 돋운다.

방송에 출연하는 개그맨들은 본인이 만든 레퍼토리를 한 번 써먹으면 다시는 써먹지 못하는 데 비해서 관광객을 상대로 하는 코미디언은 똑같은 레퍼토리를 우려먹을 수 있으니 그런대로 쉬울 것이라는 생각이 들었다. 우려먹는 인생은 쉬운 인생이란 생각을 해 보니 웃음이 나온다.

열흘째 날, 코스타리카(Costa Rica)

〈코스타리카 에코백〉

오늘은 라틴 아메리카(Latin America) 코스타리카의 태평양 연안의 항구 도시 푼타아레나스(Puntarenas)에 입항했다. 콜럼버스(Christopher Columbus)가 신대륙을 발견하고 중앙아메리카로 내려오다가 코스타리카에 도착해서 산세(山勢)가 마치 한국의 산세처럼 수려하고 숲이 우거진 땅을 발견하고 이를 황금연안(Costa Rica, Golden Coast)이라고 부른 데서 그 지명이 유래되었다.

스페인 군대가 상륙하자 토착민들은 신(God)이 나타난 줄로만 알고 그들이 원하는 금을 다 바쳤다. 스페인 군대는 코스타리카가 기온이 일 년 내내 온화하고 땅이 비옥하여 마음에 들었으나 숲이 우거져 모기가 많아 견딜 수가 없었다. 게다가 정글에 뱀도 많았고 맹수인 '마운틴 라이온(Mountain Lion, 퓨마)'이 서식해서 사람이 살기에는 적합하지 않다고 판단하여 남쪽으로 내려가 콜롬비아로 갔다.

⟨'Retablo of the Court of Carlos Jimenez', Marisel Jimenez 作⟩

히메네스(Marisel Jimenez)는 20세기의 코스타리카를 대표하는 인상파 예술가로서 이 작품을 통해 코스타리카 개척 이민 가족을 표현했다.

코스타리카의 수입원은 첫째가 커피였으나 지금은 중국에 그 자리를 빼앗겼다. 중국은 커피 농장을 발전시키면서 최고의 맛도 만들어 냈다. 동물에게 커피 열매를 먹인 다음 배설물로 커피를 제조하면 그 맛을 당할 수가 없다. 코스타리카에

서 생산하는 커피보다 가격이 10배 정도 비싸지만, 맛은 최고
에 속한다.

그래서 현재 코스타리카의 주 수입원은 첫 번째는 파인애플
과 바나나이고 두 번째는 관광 산업, 세 번째가 커피 수출 산
업이 되고 말았다.

〈'OBRA DE', Marisel Jimenez 作〉

코스타리카는 라틴 아메리카 국가 중에서는 가장 선진화된
국가다. 이는 40년 전에 맥도날드가 중남미 국가 중에서도 가
장 먼저 코스타리카에 들어온 것만으로도 알 수 있다. 코스
타리카에서는 부자나 가난한 자나 상관없이 수입의 35%를 세

금으로 공제한다. 그중 9%는 개인 수입에서 공제되고 나머지 26%는 회사에서 부담한다. 또한, 사회보장연금으로 수입의 6.5%를 떼어간다. 대신 건강보험은 전 국민이 공평하게 혜택을 누릴 수 있다.

코스타리카에서는 대부분의 부부가 맞벌이를 하므로 아이는 할머니가 맡아서 키우는 게 일반적이다. 대신 부모의 노후는 자식이 책임진다. 이는 1970년대 한국의 전통 방식과 유사한데 이것은 코스타리카가 한국의 1970년대와 비슷한 경제 수준을 이루고 있기 때문이라고 생각된다.

비영어권 국가인 중남미에서 가장 교육 시스템이 잘 갖춰진 나라는 칠레가 첫 번째이고 코스타리카가 그다음이다. 세 번째는 쿠바를 꼽는다. 이것은 교육 시스템이 잘 갖춰진 것을 판단할 때 대개 국가의 무상 교육 시행 여부를 기준으로 삼기 때문이다. 코스타리카는 고등학교까지 무상 교육이고 고등학교 졸업생 중 10%는 국립대학에서 무상으로 공부할 수 있도록 국가에서 지원한다. 학비, 경비, 기숙사비 등 비용 일체를 국가에서 부담한다. 대학에 가고 싶은 그 외의 사람은 사립대학으로 가야 하는데 학비가 비싸다.

여기서 과연 무상 교육 시스템과 무상 의료 시스템이 국가 발전에 얼마나 기여하는가를 한번 생각해 볼 필요가 있다. '무상 교육을 하는 나라들이 왜 가난에서 벗어나지 못하는가?' 하는 문제가 제기된다. 언뜻 듣기에 무상 교육과 무상 의료 시스템이 실행되는 나라는 지상낙원 같다는 생각이 들지만, 실제로는 그와 반대다. 북한이 무상 시스템을 가동하고 있으나 세계에서 가장 못 사는 나라인 것을 보아도 알 수 있다. 즉, 인간은 경쟁하지 않으면 발전하지 못한다는 답이 나오게 된다.

〈'Heroes de la Miseria', Juan Ramon Bonille 作, 1907〉

코스타리카에서는 이민을 받아들이지 않는다. 이민은 미국(USA), 스페인(Spain), 이탈리아(Italy), 독일(Germany), 캐나다(Canada)에서 오는 이민자만 받는다. 또한, 이중 국적은 미국과 스페인 국적 소지자만 허용한다.

나는 세계 여러 나라를 여행하면서 미국처럼 대우받는 나라가 없다는 것을 여러 번 경험하고 다닌다.

요새는 베네수엘라(Venezuela)가 정치적 파동을 일으키면서 그 난민이 코스타리카로 몰려들어 온다. 코스타리카 정부에서는 이를 환영하는 편이다. 그러지 않아도 인구 감소 현상이 일어나고 있는데 난민이 몰려오면서 3D(Dirty, Difficult, Dangerous) 노동을 대신해 주기 때문이다.

아이의 엄마가 코스타리카 국민이 아니라 하더라도, 아이를 코스타리카에서 낳는다면 그 아이는 자동으로 코스타리카 국민이 되고, 아이의 엄마는 그로부터 25년 동안(아이가 성인이 될 때까지) 코스타리카에서 거주할 수 있다.

코스타리카에서는 초등학교부터 영어를 가르친다. 스페인어가 공용어이고 두 번째 언어로 영어를 쓴다. 그만큼 문화가 미국화되어간다고 현지인들도 말하고 있다.

코스타리카의 인구는 450만 명으로, 수도인 산호세(San José)

에 250만 명이 살고 있다. 인구의 대부분이 수도에 거주한다. 예전에 산호세와 그 이웃 도시 아라주에라(Arajuela)가 정치적으로 어느 도시를 수도로 정할 것인지를 놓고 격돌한 적이 있다. 이에 어느 도시에 거주 인구가 더 많으냐를 비교해서 결정하기로 했는데 산호세를 수도로 정하기 위해 국민들을 윽박질렀다. 산호세로 가서 살 것이냐 아니면 영창에 가겠느냐 하고 협박하는 바람에 산호세의 인구가 급격히 증가했다는 이야기가 있다. 지금은 교통체증으로 인해 자동차는 중심가로 진입을 금지하는 법안을 준비 중이란다. 현재 산호세 거리에는 현대나 기아차가 도요타와 막상막하의 경쟁을 벌이고 있다.

또 한 가지 이야기를 하고자 한다. 예전에 중국 정부가 코스타리카에 대만과의 외교 관계를 끊고 중국과 수교하면 3만 8천여 명을 수용할 수 있는 경기장을 지어주겠다고 제의했다. 그러나 이 제의를 받아들인 결과는 참담했다. 중국은 코스타리카 경기장 건설을 위해 중국에서 노동자 2,500명을 데려왔는데, 경기장이 완성된 다음 노동자 중에 1,000명은 중국으로 돌아갔지만 1,500명은 코스타리카에 숨어들었다. 그뿐만이 아니라 중국은 경기장을 지어주는 조건으로 인근 해역 어업권의

75%를 획득했는데, 그다음부터 그 해역에서 마구잡이로 물고기를 잡는가 하면 쓰레기를 바다에 버려 오염이 말이 아니라고 한다. 이처럼 어딜 가나 중국인들은 흉잡히는 짓만 하고 다녀서 환영받지 못하는 걸 자주 보았다. 같은 동양인으로서 내가 얼굴을 들지 못할 지경이다.

〈코스타리카 국립극장 천장의 그림〉

코스타리카는 1890년경에 국립극장을 짓기로 하면서 그 재원의 부담을 위해 국민들에게 세금 18% 정도를 받기로 했다. 이렇게 막대한 세금을 거둬들였지만, 국립극장을 왜 짓는 것이냐는 물음에는 "보여주기 위해서"라는 대답뿐이었다. 과시하려는 목적 외에 다른 목적이 없었다니, 당시 정치인들의 속내를 알 것 같다. 나중에는 자금이 부족해서 쌀에다가 15% 세금을 부과하는 것으로 세수(稅收)를 늘렸다. 결국, 국립극장은 1897년에 완공했다. 국립국장의 건설은 모든 재료와 기술을 유럽에서 도입해서 진행되었다. 프랑스(France), 이탈리아(Italy), 체코(Czech), 스페인 등지에서 재료와 기술을 수입했다. 프랑스 건축 양식에 그림과 조각물, 오페라 무대 관객의 배치도, 의자 등을 모두 프랑스에서 수입했고 프랑스 기술자가 설계를 담당했다. 천장에 그림을 그려 넣을 때도 유럽에서 불러온 화가를 고용했는데, 유럽에서 온 화가는 코스타리카에 대해서 아는 게 없으므로 당연히 유럽 사람이 등장하는 그림을 그렸다. 그 그림이 바로 백인 여자가 유럽에서 유행하는 모자를 쓰고 커피 열매를 서서 따는 그림이다. 코스타리카 여자는 백인이 아니다. 그리고 코스타리카 커피나무는 키가 크지 않아 엎드려서 따야 한다. 즉, 코스타리카에 어울리지 않는 그림이지만 그래도 역사적 유물로 인식되어 현재 코스타리카인들이 사용하는 5페소짜리 지폐에 인쇄되어 있다.

국립극장의 2층 맨 뒷좌석은 높은 사람들의 자리이고 앞쪽 양편 좌석은 과부들의 좌석으로 지정되어 있다. 과부는 밤에 외롭게 지내기 때문에 오페라를 즐기라는 배려 차원의 구조라고 한다. 2층 사교실 양편으로는 흡연실이 있는데 여자는 시가(Cigar) 한 가치만 피울 수 있고 남자는 얼마든지 피울 수 있다. 이곳에는 크리스털 거울이 있는데, 크리스털 거울은 가장 정확하게 자신을 비춘다고 한다. 지금은 주중, 점심시간에 1시간짜리 공연을 단돈 1달러만 받고 상연한다. 직장인들이 점심시간을 이용해서 스트레스를 풀라는 차원이란다.

〈크루즈 상송 공연〉

늦은 밤에 유니버설 라운지에서 샹송(Chanson)을 감상했다. 모처럼 흘러간 샹송을 부르는 가수를 보고 있자니, 그녀가 그냥 외워서 부르는 게 아님을 알 수 있었다. 불어를 정말 잘한다. 프랑스 관객이 있는지 알아보고 같이 떠들고 있을 정도니, 불어를 꽤 잘한다. 오래된 샹송만 골라서 들을 수 있어서 좋았다.

열 하루째 날,
파나마 운하 크루즈 여행의 하이라이트

〈파나마 운하 입구〉

태평양에서 파나마 운하(Panama Canal)로 들어가는 입구. 이곳에는 두 개의 운하가 나란히 있다. 오른쪽은 이미 다른 크루즈 선이 차지하고 있고 우리가 탄 크루즈는 왼쪽 운하로 들어오라고 화살표로 가리키고 있다.

    30년 전의 일이다. 친히 알고 지내던 의사 아라타(Alata) 씨가 은퇴하면서 파나마 운하 크루즈 여행을 다녀왔다고 했다. 더 물어볼 것도 없이 "Beautiful!"을 연발하면서 죽기 전에 꼭 한번 다녀오라고 했다. 내 나이가 그때 그분의 나이가 되는 지금, 나도 파나마 운하 크루즈 여행을 하고 있다.

파나마 운하. 정말 감탄, 경탄, 찬사가 절로 나온다. 놀랍다. 파나마 운하는 미국인들의 마음속 깊숙이 자존심으로 남아있는 운하다. 파나마 운하에 관하여 설명하는 연사가 말한다. " 파나마 운하는 미국 것이라고 말하면 너무 까놓고 하는 미국식 대화다. 은연중에 미국에 속해 있다고 은근슬쩍 말해야 한다."고 가르쳐 준다. 미국의 자본으로, 미국의 기술로, 미국의 노동자가 건설했으니 반은 미국에 속한다고 말할 수도 있을 것 같다. 지금은 계약 기간이 만료돼 운영권은 다른 곳으로 넘어갔지만, 그래도 미국이 관리에 나서지 않으면 안 될 만큼 중요하다.

인류의 염원이라고 말하지만 실제로는 유럽인들의 염원인 파나마 운하는 1513년, 스페인 정복자들에 의해 건설이 시작되었다. 정복자 '발보아(Balboa)'는 유럽인으로서는 최초로 43마일 길이의 바닷길을 열어보려고 시도했다. 그 후 300년이 지난 다음 프랑스의 운하 전문회사가 도전해서 공사를 진행했으나 자금난과 질병, 기술적 문제 등으로 인해 공사를 중단하고 결국 1880년도에 4천만 달러를 받고 이를 미국에 팔아넘겼다.

당시 프랑스의 투자 회사는 2억 8천 7백만 달러를 투자했으니, 결국 2억 4천 8백만 달러를 손해 보고 손을 든 셈이다.

〈파나마 운하 도크(Dock) 전경 1〉

우리가 탄 크루즈가 파나마 운하에 도착했을 때, 오른쪽 도크에는 물이 차 있고 왼쪽 도크는 물이 빠져있었다. 뒤따라오던 화물선이 왼편 도크로 들어오고 있다.
우리가 탄 크루즈는 도크에 물을 채워 배가 약 5m 이상 상승했기에 앞으로 전진 중이다. 크루즈와 도크벽 사이는 불과 30cm도 안 되기 때문에 로코모티브(Locomotive, 견인기) 8대에 로프를 매고 크루즈와 연결하여 양쪽에서 당김으로써 배가 도크벽에 부딪히거나 긁히는 사고를 방지한다.

원래 파나마 영토는 콜롬비아에 속해 있었다. 역사가 짧고 주인 의식이 희미했던 개척지에서는 나라를 세운다거나 다른 나라에 병합되는 일은 새로울 것도 없고 다반사로 벌어지는 일에 불과하다. 니카라과가 멕시코에 가입했다가 별반 득이 되는 일이 없자 스스로 독립한 예가 그와 같은 일면을 말해 주고 있다. 라틴 아메리카가 그러하듯이, 콜롬비아에 속해 있던 파나마를 독립시켜 자주국을 만들어 준 것도 미국이다.

운하는 해수면에서 85m 위의 지상에 있다. 운하 공사는 난공사 중의 난공사였다. 스위스 운하는 110마일이고 파나마 운하는 50마일이지만, 스위스 운하는 모래를 파내는 공사였고 파나마 운하는 바위를 깨면서 지하로 110m 정도를 파고들어가야 하는 공사였다. 게다가 공사 위치가 정글이라 모기, 뱀 등의 해충이나 산사자 같은 맹수가 많아 공사에 지장을 초래했다. 그러나 가장 큰 문제는 질병과의 싸움이었다.

Lock slats(배를 가두는 도크)를 보면 길이가 1,000피트(ft), 깊이가 70피트, 폭이 110피트로 5천 2백만 갤런(gal)의 물을 담수(湛水)할 수 있다. 문 하나의 무게는 700t으로, 문의 두께가 7피트다. 이런 문짝 두 개가 대문처럼 열렸다 닫혔다 하는 구조다. 그것도 물 한 방울 새지 않으면서.

〈파나마 운하 도크 전경 2〉

운하 고지점을 지나 다시 내려가는 중이다. 뒤따라오는 화물선은 오른쪽 도크의 물이 빠지기를 기다리는 중이다. 크루즈가 지나온 운하 3단계 위에 화물선이 따라오고 있다.

　파나마 운하는 미국에게 있어 경제, 국방, 정치적으로 긴요한 곳이다. 그뿐만 아니라 운하를 만들어 가장 득을 보는 나라는 미국이다. 때문에 파나마 운하의 건설은 당연히 미국이 앞장서서 해결해야 할 문제들이었다. 당장 파나마 운하가 제2차 세계대전에서 얼마나 혁혁한 공을 세웠는지 역사가 말해주고 있다. 미주리(Missour)호, 애리조나(Arizona) 함, 위스콘신(Wisconsin) 함 등의 전함들과 잠수함이 대서양에서 태평양으로 신속하게 이동할 수 있었던 것도 파나마 운하 덕분이다.

파나마 운하는 1914년도에 개통해서 지금까지 100만 척이 넘는 배가 통과했다. 물동량(物動量)이 많아지면서 1999년도에는 기존의 운하 옆에 제2 운하를 나란히 건설했다. 현재 파나마 운하를 가장 많이 이용하는 나라 역시 미국이다. 물동량으로 수치화해서 이야기하면 미국이 1.7백만 t이 지나가고, 중국이 50만 t 그리고 칠레가 28만 t이다. 운하를 지나가는 데는 8시간이 소요된다. 보통 선박당 통행료가 54,000달러 정도다. 크루즈인 경우 선박료에다가 객실이 몇이냐를 추가로 계산해야 한다. 예인선료 13,000달러, 로코모티브 15,000달러, 게다가 은행 수수료도 만만치 않다. 통행료 수입으로 파나마 정부는 라틴 아메리카에서 가장 부유한 나라가 됐다.

기술적인 면에서 봐도, 104년 전에 만든 운하의 작동 시스템과 한 짝에 700t이나 되는 수문이 고장도 없이 잘 돌아가고 있다는 데에 대해서 감탄하지 않을 수 없다. 작동하는 수문을 바라보는 수많은 사람이 모두 입을 딱 벌리고 만다. 참으로 인간 역사의 경이로운 산물이다.

파나마 운하 덕분에 당연히 파나마는 미국의 보호 아래 있는 라틴아메리카 국가 중에서도 가장 부유한 국가다. 파나마시

(市)는 마치 뉴욕의 마천루를 닮았다고 했더니, 옆에 있던 젊은
친구가 사람들이 그러는데 마이애미(Miami) 같다고 한단다. 그
러고 보니 마이애미 같기도 하다. 그만큼 파나마가 번창했음을
알 수 있다. 파나마시의 인구는 150만 명이다. 그리고 그중에서
도 파나마 운하를 운영하는 종업원이 1만 명이나 된다.

　파나마의 주산물은 바나나다. 파나마에서 생산하는 바나나
전량을 미국이 수입해 주고 있다.

〈제3 운하로 거대한 화물선이 지나가는 모습〉

　파나마 군 장교였던 노리에가(Manuel Noriega)가 미국에 반기
를 들었다가 당장 미군에게 체포되어 미국 법정에 선 일이 있

다. 그는 그 죄로 18년 형을 살고 2016년에 82세로 옥사했다.

중국이 니카라과의 호수를 가로질러 태평양과 대서양을 연결하는 운하를 뚫겠다는 계획을 세운 일이 있다. 니카라과는 국토 중앙에 거대한 호수가 있어서, 대서양에서 호수까지 운하를 뚫으면 문제는 쉽게 풀릴 수도 있었다. 그러나 말하지 않아도 이는 미국의 자존심을 상하게 하는 행위였다.

케네디(John F. Kennedy) 대통령 재임(在任) 시절, 흐루쇼프 (Nikita Khrushchyov)가 쿠바에 미사일 기지를 건설하다가 한 대 얻어맞고 KO 당한 일이 있다. 그때 케네디 대통령이 한마디 했다.

"뒷마당에 와서 장난치는 짓을 용납할 수 없다."

중국이 니카라과에 운하를 파겠다는 것 역시 미국의 뒷마당에서 장난치겠다는 것과 같은 이야기이다.

말로는 파나마 정부가 새로운 운하를 건설했다고 하지만 보이지 않는 미국의 손이 한 것이라는 사실을 아는 사람은 다 알고 있다.

파나마 정부는 2016년 6월, 5억 3백만 달러를 들여 제3 운하를 완공해 버렸다. 대형 컨테이너 선박이 자유로이 드나들 수 있도록 거대한 운하를 완공한 것이다. 이제, 더는 새로운 운하

운운하는 소리도 잦아들고 말았다.

〈파나마 운하 통과 확인증〉

파나마 운하를 건너면 크루즈 선장으로부터 '파나마 운하 통과 확인증'을 발급받는다. 기념이기도 하지만 미국인들은 이런 사소한 일에도 즐거워한다.

열 이틀째 날,

콜롬비아(Colombia)

〈콜롬비아기가 그려진 티셔츠〉

파나마 운하를 빠져나온 크루즈는 밤새도록 운항하여 콜롬비아의 카르타헤나(Cartagena)에 닿았다.

콜롬비아의 국기는 노랑, 파랑, 빨강의 3색이다. 노란색은 개척자들이 금을 찾아왔음을 의미하고, 파란색은 태평양과 대서양을 의미하고, 빨간색은 나라를 지킨 피를 의미한다.

캐리비언 해역의 거친 파도를 헤치고 신대륙을 발견한 콜럼버스가 위대하다 하지 않을 수 없다. 캐리비언 해역에서 지난 수 세기 동안 해적들이 얼마나 날뛰었던가? 금을 찾아 헤매는

무리가 있는가 하면, 토착민들을 죽이고 금을 빼앗아 유럽으로 가져가던 상선을 습격해서 금은보화를 도적질해 대는 해적 등 캐리비언 해역은 그야말로 아수라장이었다. 이게 다 금 때문에 일어난 웃지 못할 당대의 사건들이다.

물론 지금이라고 해서 그때보다 낫다고 말할 수는 없다. 당장 눈에 보이는 금은 아니지만, 이권과 권력을 위해서 여전히 칼을 휘두르고 있는 것은 마찬가지다.

〈엘로모 군사 요새〉

콜롬비아는 금과의 전쟁 속에서 적의 침입을 막기 위해 카르타헤나 항만으로 들어오는 초입의 작은 언덕에 성을 쌓았다. 1657년에 공사를 시작해서 1769년에 완공했다. 짓고 또 더 해 짓기를 여러 번 했기에 공사 기간이 길어졌다. 이것이 바로 '엘모로 군사 요새(San Felipe del Morro Fortress)'다. 콘크리트와 벽돌을 섞어 함포 사격에도 견딜 만큼 두껍게 지었다. 엘모로 요새에는 옛날 대포 62대를 배치해 놓았고, 대형 대포도 10문 이나 있었다. 이를 통해 콜롬비아는 1741년도에 드디어 영국 군의 침입을 물리치는 쾌거를 이루었다. 역사는 아이러니해서 그때 영국군이 승리했다면 지금 콜롬비아는 영어 국가가 되었 을 테지만, 스페인군이 승리함으로써 지금은 스페인어 국가가 되고 말았다.

북미와 라틴 아메리카 그리고 남미는 금이 만들어놓은 나라 들이다. 유럽인들이 금을 찾아 대서양을 건너 경쟁하듯 몰려 들었다. 캘리포니아(California)가 1849년 금의 발견으로 말미암 아 인구가 급격히 팽창했고 그로 인해 발전했듯이, 남미나 라 틴아메리카 대부분의 대륙은 금을 찾아다니던 스페인에 의해 땅이란 땅은 다 파헤쳐 졌다. 그리고 콜롬비아 토착민들이 가 지고 있는 금과 보석 또한 모조리 스페인 왕의 손아귀에 들어 갔다. 그나마 다행인 것은 스페인의 점령 정책에 있다. 스페인이 점령한 지역은 토착민과 아프리카 흑인 노예와 유럽 백인의 혼인을 장려했기 때문에 인종의 대부분이 혼혈인으로 바뀌었다. 북미와 같이 영국군과 프랑스, 독일이 점령한 지역에서는 인디언들을 몰살시키는 정책을 써온 바람에 백인 우월주의가 탄생한 것이다.

〈콜롬비아 카르타헤나에 있는 산 페드로 클라베르 대성당〉

콜롬비아의 작은 항구 카르타헤나에는 두 가지의 큰 자랑거리가 있는데 하나는 앞서 언급한 '엘모로 요새'이고 다른 하나는 '산 페드로 클라베르 대성당(Catedral de San Pedro Claver)'이다. 자갈이 곱게 깔린 매혹적인 옛 군사기지 '엘모로 요새'는 1741년 산 펠리페(San Felipe) 장군이 영국군을 크게 무찔렀다고 전해지는 자랑스러운 성역이다.

〈산 페드로 클라베르 대성당 천장 중앙의 돔〉

산 페드로 클라베르 대성당은 성인 클라베르(Claver)의 시신을 모신 성당으로 그의 업적을 기리는 성당이다. 산 페드로 클라베르(San Pedro Claver)는 1580년에 스페인 바르셀로나(Barcelona)에서 태어났다. 그곳에서 대학을 마치고 스페인 식민지 카르타헤나에서 성직자 임무를 수행했다. 당시 스페인 국왕은 아프리카에서 흑인들을 잡아다가 금과 은 광산에서 광부 일을 시켰다. 흑인 노예를 사고파는 행위는 100년도 넘은 전통적 관습이었다. 아프리카에서 잡혀 온 흑인들은 이곳 카르타헤나에서 노예로 팔려나갔다. 그 수는 자그마치 일 년에 10,000명이 넘는 숫자였다. 이에 산 페드로 클라베르 신부는 흑인들의 인권을 주장하면서 그들에게 예수교를 전파했다. 클라베르 신부가 세례를 해준 흑인은 약 삼십만 명에 이른다고 전해진다. 이처럼 흑인 인권회복에 앞장섰던 클라베르 신부는 1654년에 사망했다. 그가 죽은 지 200이 지난 1888년, 교황 레오 8세(Leo Ⅷ)는 그를 성인으로 추대했다.

〈성인 산 페드로 클라베르의 유해를 모셔 놓은 교단〉

〈콜롬비아 전통 의상을 입은 흑인 여성(모델료 2달러를 지불하고
사진 촬영을 허락받았다)〉

크루즈 여행 꼭 알아야 할 팁 28가지

〈길거리 공연〉

카르타헤나의 거리를 걷다 보면 랩 음악을 크게 틀어놓고
한 명씩 돌아가면서 재주를 보여주는 광경을 감상할 수 있다.
관광객으로부터 공연비를 얻어내기 위한 춤사위다.

〈길거리에서 아이스크림을 판매하는 젊은 가족의 모습〉

거리를 걷다가 젊은 부부와 어린 딸 가족이 노점상을 연 것을 보았다. 젊은 부부가 어린 딸을 데리고 먹고살기 힘들겠다는 생각이 들었다. 단속요원의 눈치를 보면서 부인은 딸과 함께 음료수를 팔고, 남편은 아이스크림을 팔다가 부인이 싸 온 점심으로 허기를 채우고 있다.

〈과일 장수 아주머니〉

카르타헤나 과일 장수 아주머니가 바다 한복판에서 보았던
갈매기처럼 거리를 헤맨다. 따가운 태양에 익어가는 수박이지
만, 이것이 팔려야 그녀도 먹고살 수 있을 것이다.

열 사흘째 날, At sea

망망대해에 갈매기들이 나는 거로 봐서 보이지는 않아도 연
안 근처임을 알 수 있다.

갈매기는 태평양 갈매기나 대서양 갈매기나 매한가지다. 누가 가르쳐 준 것도 아닌데, 먹이를 구하는 방법이 똑같다.

물고기라고 해서 바다에 널려 있는 것이 아니다. 갈매기가 먹이를 구하기 위해서는 바다 위를 날다가 바다로 점프해 들어가서 물고기를 물고 나와야 한다. 갈매기들이 물고기 낚아채는 일을 수없이 반복하는 것으로 미루어 짐작해보건대 시도한다고 해서 무조건 성공하는 것이 아니라 번번이 실패하고 실제로 성공하는 것은 몇 번 안 되는 것 같다. 망망대해라 지친 몸을 어디 서서 쉴 곳도 없다. 쉴 새 없이 날아야 한다. 참으로 고단한 삶이라는 생각이 든다. 마치 인간의 삶처럼.

열 나흘째 날, At sea

〈크루즈 여행 때의 모습〉

크루즈 여행 꼭 알아야 할 팁 28가지

크루즈 여행은 앉아서 쉬고, 누워서 쉬고, 서서 쉰다. 즉, 쉬는 게 일이다. 인터네셔널 카페에 앉아 커피 한 잔을 시켜놓고 하염없이 창밖을 바라본다. 자를 대고 줄을 그어놓은 듯이 수평선이 선명하다. 며칠째 지겹도록 수평선만 바라보았다.

바닷속은 천 길이리라. 천 길이 보이지는 않지만, 얼마나 깊은지는 알고 있다. 망망대해에 빠지면 살아남을 사람은 아무도 없다. 바다가 무섭다. 그러나 무서운 바다를 보면서도 겁이 나지 않는 까닭은 땅이 꺼지지 않는다는 것을 믿는 것과 같이 크루즈 선이 안전하다는 것을 믿고 있기 때문이다.

믿음이라는 것은 바다보다 더 무서운 것이어서 사람을 죽이기도 하고 살리기도 한다. 나는 그런 믿음을 아내에게 무한대로 주고 있다. 세상에 믿을 사람은 아내밖에 없기 때문이다. 형제·자식도 있고 친구도 있지만, 아내에게 비하랴. 믿을 사람이 있다는 것은 행복한 삶이다. 젊어서는 지겹도록 싸웠지만, 늙고 보니 그것도 다 추억이다. 밤에 사랑이 실패로 끝나는 것은 당연하지만, 조금 지나면 그것마저 그리우리라.

커피를 다 마시고 난 후, 빈 종이컵을 어디다 버릴지 몰라 들고 다녔다. 늙으면 쓰레기통마저 찾기 힘들다. 직원에게 쓰레기통이 어디 있느냐고 물어보았다. 바로 등 뒤에 있는 고급스러운 작은 상자가 쓰레기통이란다. 별것이 다 사람을 놀린다.

크루즈도 결국 다 비즈니스 사업이다. 어떻게 하면 승객들로 하여금 돈을 더 쓰게 만들지에 대해 연구가 대단하다. 막판 세일이 있다고 해서 가 보았다. 별 볼 일 없는 티셔츠들을 내놓고 2장에 10달러라고 선심 쓰듯 큰 글씨로 적어놓았다. 이것저것 들춰봤지만 쓸 만한 물건은 하나도 없다. 그래도 세일이라면 사족을 못 쓰는 아내가 살까 봐 겁이 난다. 아내를 찾아 헤매는 선상이 왜 이리 넓은지 모르겠다.

맘에 들 만한 물건은 전부 상점에 있지만, 상점 물건들은 영원히 세일하지 않는다. 결국은 제값 주고 하나 사라고 일러야 할 텐데, 아내는 어디로 간 건지 찾기가 힘들었다.

어젯밤에는 만찬에 참석하기 위해 신사복으로 차려입은 김에 사진사를 불러 둘이서 사진도 한 장 찍었다. 사진이 없어서가 아니고, 기념으로 찍은 사진도 아니다. 장례식 때 비디오를 돌리면 크루즈 여행을 갔던 사진 한 장을 조문객들에게 보여주려고 찍었다. 살면서 준비할 것도 많다는 생각이 든다.

크루즈 여행의 마지막 날

〈'Blushing Beauty', Peter Max 作, 2006〉

〈'Umbrella Man', Peter Max 作, 2005〉

갤러리(Gallery)에서 그림을 경매한다고 한다. 그것도 막판 세일인 모양이다. 그림이란 그림은 다 내놓았는지 지겹도록 많다. 참관인으로 참석했다. 경매장 무대나 무대 커튼이 모두 검은색으로 되어 있다. 그림들을 들고 나르는 젊은이들도 검은색 옷차

크루즈 여행 꼭 알아야 할 팁 28가지

림에 검은 장갑을 꼈다. 검은색 일변도다. 그림의 수려한 색채를 돋보이게 하기 위함이리라.

먼저 〈Animation art〉를 보여준다. 2,190달러 정도의 가치가 있다고 소개했다. 경매 진행자들의 목소리는 한결같이 똑같다. 목소리를 깔고 빠른 어조로 사람을 흥분시킨다. 109번 번호를 든 여자가 75달러에 낙찰했다.

다음으로 토머스 킨케이드(Thomas Kinkade)의 그림이 등장했다. 킨케이드는 미국 솔트레이크시티(Salt Lake City) 태생의 화가로서 수집가들이 선호하는 화가라는 소개가 곁들여졌다. 그의 그림 〈Lighthouse〉는 2,350달러의 가치가 있다고 한다. 하지만 1,490달러로 경매에 내놨다고 소개했다. 이 작품은 1,470달러에 낙찰됐다.

그다음으로는 미국의 인상파 화가 피터 맥스(Peter Max)가 소개됐다. 진행자는 후손에게 물려줄 그림이라고 소개하며 그림을 선보인다. 〈Sun Set〉이란 작품으로 그림 크기는 대학 노트만큼 작지만, 과연 아름답다. 8,900달러란다. 아무도 나서는 사람이 없다. 진행자가 작품 2점을 더 보여 준다. 도합 3점이 나란히 전시된다. 19,800달러의 가치가 있다면서 오늘은 마지막 경매로 7,900달러에 주겠다고 한다. 그래도 아무도 손드는 사람이

없다. 그러자 한 점을 더 보탠다. 떨이라는 식이다. 화가가 들어
오는 수입은 유방암을 위한 기금으로 기부할 것이라고 했다면
서 작품의 구매가 좋은 일에 쓰일 것임을 강조한다. 협조를 구
한다는 의미가 되겠다. 그런데도 누구나 돈에는 야박하다. 아무
리 부자라고 해도 내 돈 아깝지 않은 사람이 어디 있겠는가. 큰
돈을 쓰는 데 깊이 생각해 보겠다는 모양이다.

　눈치 빠른 경매 진행자가 얼른 한 점을 더 얹어 5점에 7,900달
러라고 소개한다. 소품이지만 보기에도 훌륭한 작품 같다. 내가
봐도 탐난다. 돈이 있으면 사고 싶다. 그래도 나서는 사람이 없
다. 마지막으로 1점을 더 주겠다며 6점을 주면서 집까지 무료로
배송해 주겠다고 제안한다. 원래 그림을 사면 택배 비용은 본인
부담이다. 이런 작품의 경우 배송에 큰돈이 든다. 보험도 들어
야 한다. 그러나 이번만큼은 배송도 무료다. 이쯤 되면 나서는
사람이 있을 법도 한데 반응이 없다. 결국, 진행자가 경매를 마
무리 짓는다. "예약만 하고 사든지 말든지 해도 좋다." 마지막 제
안은 뒤에서 더 깎아도 줄 수 있다는 의미를 내포하고 있는 것
처럼 들린다. 진행자의 말을 듣는 사람들은 머릿속으로 오만가
지 잡생각을 다 떠올리고 있으리라. 그중에서도 가장 중요한 것
은 '돈은 매정하고 잔인해서 피도 눈물도 없다.'는 사실이다.

28

강력하게 추천하는
세계적인 크루즈 여행지 3곳

크루즈 여행으로 가 볼 만한 곳은 세계 곳곳에 있다. 그중에서도 내 경험을 바탕으로 추천할 만한 크루즈 여행을 꼽는다면 첫째는 북유럽 발트해(Baltic) 크루즈, 두 번째는 지중해 연안 크루즈, 세 번째는 알래스카(Alaska) 빙하 크루즈이다. 이세 곳은 크루즈 여행의 정석(定石)을 그대로 보여주고 있다. 하룻밤 자고 나면 새로운 관광지에 닿아있고, 들리는 관광지 역시 꼭 봐야 하는 역사적인 고적지 혹은 손에 꼽을 만큼 아름다운 풍경의 생활 터전이다. 이 세 곳의 크루즈 여행에서는 자연의 장관을 볼 수 있고, 인간의 지혜와 예술이 어우러진 멋진 모습을 접할 기회를 만나기도 한다.

(1) 발트해 크루즈 여행

북유럽 발트해 크루즈는 영국 런던에서 노르웨이(Norway) 오슬로(Oslo), 오슬로에서 덴마크(Denmark) 코펜하겐(Copenhagen), 코펜하겐에서 스웨덴(Sweden) 스톡홀름(Stockholm), 스톡홀름에서 핀란드(Finland) 헬싱키(Helsinki), 헬싱키에서 러시아 상트 페테르부르크 그리고 브뤼셀(Brussels)에 들렀다가 런던으로 돌아가는 여정이다. 크루즈는 쉬지 않고 같은 코스를 돌기 때문에 반드시 런던에서 출발해야 하는 것도 아니다. 크루즈가 정박하는 어느 도시에서나 승선할 수 있고 하선할 수 있다.

이 크루즈 여행은 일주일 여정의 크루즈로 밤새도록 항해해서 다음 날 아침에 일어나 보면 새로운 도시에 입항해 있다.

백야(白夜)의 북극권은 새로운 경험이 될 것이다.

〈버킹엄 궁전의 근위병 교대식 1〉

발트해 크루즈 여행을 즐기기 위해서는 크루즈 승선 일정보다 며칠 앞당겨서 런던에 도착해 런던을 먼저 관광하고 크루즈에 승선하는 것이 좋다. 여기서 런던 관광에 대해 몇 가지 소개하고자 한다.

영국 런던 관광의 하이라이트는 버킹엄 궁전(Buckingham Palace)의 근위병 교대식이다. 여왕의 근위병 교대식은 봄부터 가을까지는 매일 오전 11시 30분에 행한다. 가을에서 봄까지는 하루건너 한 번씩 열린다.

〈버킹엄 궁전의 근위병 교대식 2〉

버킹엄 궁전은 원래 1702년, 버킹엄 공작 셰필드 본인의 저택으로 건축되었다. 그러다 1761년경에 조지 3세(George Ⅲ)가 공작의 아들로부터 사들여 샬럿(Charlotte) 왕비의 처소로 사용했다. 1837년에 빅토리아(Victoria) 여왕이 즉위한 후부터는 국왕들의 상주(常主) 궁전이 되었다. 20세기에 들어와 왕실이 군중에게 답례할 수 있는 발코니를 궁 동쪽에 이어 지었다. 궁에

깃발이 게양되어 있으면 여왕이 있다는 표시다.

버킹엄 궁전은 가운데에 정문이 있고 거리를 둔 다음 양편에 서문(西門)과 동문(東門)이 있다. 근무 중인 중대가 군악대를 앞세워 행진해서 서문으로 들어간다. 근무를 교대할 새 병력역시 군악대를 앞세워 동문으로 들어간다. 그리고 정문 안에서 교대식을 거행한다.

〈'The Scream', Edvard Munch 作〉　　　　〈바이킹 전시품〉

노르웨이 오슬로에서는 '바이킹 박물관'과 '국립미술관'에 들러 에드바르트 뭉크(Edvard Munch)의 〈절규(The Scream)〉도 감상할 만하다.

〈덴마크 코펜하겐 뉘하븐 항구〉

덴마크 코펜하겐에서는 전설적인 인어공주(little mermaid)를 만나보는 것도 좋고, 정오에 벌어지는 초병 교대(Danish Royal Life Guards, Blue Uniforms-Guard Shift)도 볼 만하고, 1671년에 개항한 뉘하븐(Nyhavn) 항구를 찾아가 흑맥주 한 잔을 마셔 보는 것도 좋은 추억이다.

〈노벨상 메달〉

스웨덴 스톡홀름에서는 시청의 'Blue Room'을 빼놓을 수 없다. 바로 노벨상(Nobel Prize)과 관련이 있는 장소기 때문이다. 노벨상 시상식은 스톡홀름 콘서트홀에서 열리고 만찬은 시청의 Blue Room에서 진행된다. 약 1,300명이 만찬을 즐기고 곧이어 무도회가 열린다. 노벨상 수상자는 상장과 함께 메달을 받는다. 메달 전면에는 스웨덴의 화학자이자 노벨상의 창설자인 알프레드 노벨(Alfred Bernhard Nobel)의 초상이 새겨져 있고, 뒷면에는 어느 분야의 수상자냐에 따라 다른 문양이 새겨진다.

〈스웨덴의 왕실근위병 교대식〉

　스웨덴의 왕실근위병 교대식도 볼 만하다. 근위대의 파란 유
니폼은 스칸디나비아(Scandinavia) 사람의 평등주의를 의미한
다. 스웨덴 국기가 평등을 상징하는 파란색인 것과 같은 의미
다. 제복과 교대식은 계절과 행사에 따라 다르다. 교대식은 관
광객에게 볼거리를 제공하기 위해 벌어지는 게 아니고, 스웨덴
역사와 전통이자 군주 국가에서 왕을 위한, 왕에게 충성을 바
치는 전통의식이다.

〈장 시벨리우스 흉상〉

핀란드 헬싱키에 가면 유명한 작곡가 '장 시벨리우스(Jean Sibelius)'의 흉상을 스테인리스로 본떠 놓은 조각품이 있다. 구름과 같은 조각물들이 얼굴 주변에 떠도는 모양인데, 이는 작곡가가 떠올리고 있는 영감을 표현한 것이다.

백야(白夜)와 극야(極夜)만 있는 나라, 핀란드는 사우나의 나라다. 핀란드의 사우나 역사는 2천 년도 넘는다. 지방으로 나가면 집마다 사우나가 있다. 도시에는 공중 사우나가 있다. 사우나에 들어갈 때는 옷을 다 벗고 들어가는데 공중 사우나는 남녀 전용 탕이 따로 있다. 옛날에는 아이도 사우나에서 낳았다고 한다. 친지나 가족끼리는 사우나를 같이 한다.

내가 핀란드를 여행할 때, 같이 투어를 하던 몇몇 관광객이 가이드에게 질문을 한 적이 있다. 상당히 짓궂은 질문이었는데, 이 질문에 대한 투어 가이드의 답변은 "핀란드 사람들은 사우나와 섹스는 구분한다."는 것이었다.

〈피의 사원(The Church of the Savior on Spilled Blood)〉

상트페테르부르크에 가면 관광 리스트에서 '피의 사원(The Church of the Savior on Spilled Blood)'을 빼놓을 수 없다. 이곳은 러시아 제국의 세 번에 걸친 혁명과 내전을 지켜본 교회이자 서구를 향한 창문이다.

알렉산더 2세(Alexander II)가 1881년 3월, 바로 이 장소에서 암살당한다. 이를 기리기 위해 이곳에 바실리카(Basilica)를 지었다. 교회 내부나 겉은 정교하리만치 세심하게 모자이크로 장식했다. 오늘날 러시아 예술가가 만들어낼 수 있는 최고의 걸작이다.

(2) 지중해 연안 크루즈 여행

지중해 연안 크루즈 여행은 베네치아(Venice)에서 출발해 그리스 섬들을 돌아보고 로마로 가는 크루즈 여행이다. 이 여행역시 제대로 즐기기 위해서는 하루 이틀 정도 일찍 베네치아에 도착해서 베네치아를 관광하고 크루즈 여행을 떠나는 게좋다.

크루즈 여행의 마지막 날에는 로마에서 하선한다. 며칠 묵으면서 로마를 관광하면 크루즈 여행과 함께 이탈리아도 관광하는 셈이 된다.

크루즈 여행을 출발하면 석양을 등지고 베네치아를 떠나 다음 날에는 크로아티아(Croatia)에 도착해서 로마 시대의 유물을 살펴본다. 그리고 그리스의 아름다운 섬 코르푸(Corfu)에 발을 디딘다.

그리스 여행에서는 관광 명소로 쌍벽을 이루는 아름다운 작은 미코노스(Mykonos)섬의 어촌과 산토리니(Santorini)섬을 빼놓을 수 없다. 미코노스섬과 산토리니섬은 크루즈 여행으로 다녀오는 것이 가장 저렴하고 편안히 가 볼 수 있는 방법이다. 왜냐하면, 섬의 크기가 크지 않은 데도 불구하고 관광객이 많아서 호텔에 방도 없고 가격도 비싸다. 크루즈로 다녀오면 모든 게 한꺼번에 해결된다. 섬에 가 보면 알겠지만, 여러 크루즈들이 정박해 있는 것을 볼 수 있다. 아테네(Athens)의 고대 유적 아크로폴리스(Acropolis)도 구경할 수 있다. 이후 시칠리아(Sicilia)섬에 들렀다가 로마로 가는 여정으로 이루어진다. 지중해 연안 크루즈 여행에 관한 상세한 내용은 다음과 같다.

〈베네치아의 전경〉

출발지인 이탈리아의 베네치아에 며칠 일찍 가서 베네치아
를 관광한 다음 크루즈에 승선했다.

베네치아는 물의 도시다. 대부분의 교통수단이 배로 연결되
어 있다. 성당의 종탑들이 기울어 있는 것이 육안으로 확인이

가능할 정도로 확연히 눈에 띤다. 베네치아의 바닷물은 짜지 않다. 바다 바닥에서 민물이 샘솟기 때문이란다. 그로 인해 쇠붙이 부식이 심하지 않다고 한다.

〈크로아티아 디오클레티안 궁전〉

크로아티아, 로마 시대에 디오클레티아누스(Diocletianus) 황제는 은퇴 후에 이곳에 궁전을 짓고 살았다. 3세기 이후에는 황제의 여름 휴가지 아니면 피난처로 사용했다.

접시처럼 생긴 대리석 판이 이채롭다. 로마 시대 귀족들은 넓은 대리석 판을 바닥에 놓고 그 위에 음식과 과일을 가득히 차려 놓고 누워서 담소하면서 먹었다. 잔뜩 먹고 옆방으로 가서 다 토해내고 돌아와서 다시 먹었다. 맛을 즐기는 잔혹한 행위다.

〈코르푸섬의 골목길〉

그리스의 코르푸(Corfu)섬은 작은 섬이지만 그리스 섬 중에서 가장 아름다운 섬 중의 하나다. 아름답고 볼거리도 많아 대부분의 크루즈 선박이 늘 들리는 섬이다.

코르푸의 길과 건물은 옛날 그대로의 모습을 고수하고 있다. 그 때문에 대형 관광버스들이 지나가기에는 옛날 골목길이 너무 좁아 곡예를 부리듯 겨우 빠져나간다. 버스가 비탈길을 가다가 건너편에서 오는 차와 마주치면 후진해서 넓은 장소에서 비껴가야 한다.

그리스 관광 가이드가 이런 우스갯소리를 들려준다.

신부님과 버스 기사가 죽은 뒤에 천국 심판관 앞에 섰다. 심판관이 신부님은 지옥으로, 버스 기사는 천국으로 가라고 했다. 신부님이 기가 막혀서 물어보았다. "나는 평생 신도들을 위해 기도했는데 지옥으로 가야 하고, 버스 기사는 맨날 욕지거리나 하고 손님들에게 투정을 부렸는데 천국이라니 말이 안 된다."

이에 천국 심판관이 말하기를, "신부님은 강론을 고리타분하게 해서 신도들이 졸게 했고, 버스 기사는 벼랑길을 아슬아슬하게 운전해서 손님들이 모두 하나님께 기도드리게 하였으니 천국이 마땅하다."라고 했다.

이곳 사람들은 관광객을 위하여 도로를 넓힌다거나 숙박시설을 새로 짓는다는 것은 곧 자연 파괴라고 생각한다. 상상도 할 수 없는 일이다.

어쨌든, 이렇게 옛 모습을 최대한 보존하려 하니 오히려 옛

날 그대로의 모습을 보기 위하여 더 많은 관광객이 몰려오고 있다.

〈꼭 가 봐야 할 아름다운 섬, 미코노스와 산토리니〉

미코노스나 산토리니섬에 가 보면 붐비는 관광객 때문에 놀랄 것이다. 미코노스 어촌의 마스코트인 펠리컨(Pelican)이 관광객을 맞이한다. 이곳의 펠리컨들은 사람을 두려워하거나 피하지 않고 같이 공존한다.

미코노스의 건물들은 모두 흰색 회칠을 해 놔서 깨끗하다는 인상을 준다. 건물들이 작으면서도 아름답다. 흰색 건물에 빨간색 돔이나 파란색 돔을 얹은 성당도 매우 협소하다.

내가 갔을 때도 이미 크루즈가 6척이나 정박해 있었다. 만여 명의 관광객이 어촌으로 밀려 들어왔다. 도대체 이 작은 섬이 얼마나 특별하기에 이렇게 많은 사람이 몰려드는가?

어촌에 들어서자 의문은 금세 사라졌다. 두 사람이 겨우 걸어갈 수 있을 정도의 좁은 골목으로 들어서면 동화 속을 걷는 것처럼 아름다운 풍경에 "아!" 하고 입이 딱 벌어진다. 이것은 관광객에게 보여주려고 만들어 놓은 아름다움이 아니라 실제로 여기서 사는 사람들의 생활상이 만들어낸 아름다움이다. 지난 2백여 년 동안 어민들이 살아온 아름다운 흔적이 하나같이 예술에 가까운 형태로 발현된 것이다.

집들은 모두 흰색으로 칠했고 층계를 따라 올라가면서 빨간 제라늄 넝쿨과 화분의 꽃들이 발코니를 감싸고 있다. 다닥다닥 붙어 있는 옆집과 다음 집은 서로 조화를 이루면서 어울림의 미를 조성한다. 음식점 간판도 손바닥만큼 작은 사인으로 앙증맞게 걸어놓았다. 이 섬에 사는 사람 모두 예술적 감각이 넘쳐나는 분들이 아닌가 하는 의심이 들 정도다.

〈Mamacas 식당 간판과 메뉴〉

상당한 규모의 레스토랑 'Mamacas' 간판이 앙증스럽고 예
쁘다. 포크, 나이프, 스푼이 그려져 있어서 누가 봐도 음식점
임을 알 수 있다. 메뉴를 적은 종이 메뉴판이 바닥에 놓여있
고 음식과 가격이 자세히 적혀 있다. 메뉴판이 바람에 날아가
지 못하게 돌로 눌러 놨다. 얼마나 아름다운 사람들의 마음
씀씀이인가.

역사가 꽤 되어 보이는 화랑 간판 역시 가로세로 한 뼘 정도

의 크기에 'Galatis Gallery since 1960'이라고 쓰여 있다. 간판 부터 예술적인 면모가 묻어난다. 꼬불꼬불한 좁은 골목에 깔린 넓적한 돌들, 층계로 올라가는 계단에도 흰색 회칠이 넓적한 돌을 감싸고 있는 모양이 매우 아름답다.

〈미코노스에 있는 성당〉

미코노스에는 아주 작은 크기의 성당들이 여러 군데에 있다. 다른 집들처럼 안팎으로 흰색을 칠했고 그 위에 돔을 얹었는데 빨간색, 아니면 파란색 돔이다. 골목길에 여염집과 붙어

크루즈 여행 꼭 알아야 할 팁 28가지

있는 그리스 정교다. 성당 문에는 안내문이 붙어 있다.

〈미코노스에 있는 가정집 층계〉

흰색으로 칠한 이층집의 계단이 이채롭다. 대리석으로 디딤돌을 삼고 주변은 흰색 회칠을 해 놓았다. 사람의 발길이 아주오랜 시간 동안 닿은 터라 대리석 디딤돌이 닳고 닳아 움푹 파여 있는 게 운치를 더해준다. 이 작은 어촌 주민들의 미적 감각은 평생 미학만 공부한 사람들을 무안하게 할 정도로 대단하다.

도보를 중심으로 발전한 마을은 자신들만의 아름다움을 간

직할 뿐, 길을 넓히고 차를 불러들이는 현대 문명의 편리함을 거부한다. 자동차 소유에 대한 욕망이 없어 보이는 사람들. 욕심 없이 옛것을 그대로 간직하며 살아가는 모습 그 자체가 관광자원이 되었다.

(3) 북아메리카 알래스카 빙하 크루즈 여행

〈알래스카 허버드 빙하〉

크루즈 여행 꼭 알아야 할 팁 28가지

알래스카 빙하 크루즈 여행은 캐나다 밴쿠버(Vancouver)에서 출발해서 밤새도록 알래스카 만을 항해한 후 다음 날 아침 케치캔(Ketchikan)에 닿는 여행이다. 이곳의 이름들은 토착민들이 사용하는 언어여서 우리에게는 다소 생소한 이름이다.

태평양 연안 토착민(인디언)의 거주 역사는 대략 일만 년으로 추정한다. 북미 캘리포니아, 오리건(Oregon), 알래스카의 인디언들은 대체로 온순해서 쉽게 동화되었다. 알래스카 인디언 부족 사회는 세 계급으로 되어 있다. 추장과 지도층, 중산층 그리고 노예다. 인디언들의 문화는 토템(Totem) 문화가 매우 번성한 문화이며 그 종류도 다양하다. 토템은 부족사회의 권력과 부를 상징하는 징표로 세워졌다.

거주민의 집은 통나무로 지어져 있다. 집안 중앙에 화로가 있고 주변에 살림과 잠자리가 있다. 나의 경우, 우리가 타고 온 크루즈를 위시해서 모두 6척의 크루즈가 정박해 있었다.

알래스카만(灣)에 만도 크고 작은 많은 빙하가 있다. 그중에서도 야크타트(Yakutat)만(灣)에 있는 허버드 빙하(Hubbard Glacier)가 가장 크고 장엄하다. 모든 것은 때가 있듯이 관광도 때를 맞춰 가야 아름다움을 만끽할 수 있다. 알래스카 빙하를 관광하려면 일 년 중 4~5월 사이가 가장 좋다.

허버드 빙하는 '만조 빙하(Tidewater glacier)'다. 만조 빙하는 계곡에서 천천히 밀려 내려오는 빙하다.

겨우내 눈과 얼음이 깊은 계곡을 따라 올라가면서 365m(1,200ft) 정도의 깊이로 쌓여 있다가 봄이 되면 거대한 빙하가 계곡을 따라 미끄러져 내려온다.

허버드 빙하는 계곡의 폭, 즉 빙하의 폭은 2,400m, 계곡 길이는 122km에 달한다. 시간당 1.6m씩 밀려 내려온다. 너무나 빨리 밀려 내려오기 때문에 '질주하는 빙하(Galloping glacier)'란 별명이 붙었다. 상상해 보라. 태백산맥 같은 얼음덩이가 빠른 속도로 밀려오는 것을….

빙하의 무게와 밀리는 힘에 화강암 바위산이 깎이고 계곡이 깊어진다. 밀려 내려온 빙하는 떨어져 나와 바다로 낙하한다.

빙하에 가까이 가는 것은 위험하다. 적어도 빙하로부터 800m 정도 떨어진 거리에서 빙하의 풍경을 감상하는 것이 좋다. 크루즈가 한 시간 정도 머물러 있는 동안에도 거대한 얼음덩어리가 빙하에서 떨어져 나와 바다로 낙하하는 모습을 볼 수 있다. 25m 높이의 빙하 벽이 바다에 떨어져 내리는 모습을

크루즈 여행 꼭 알아야 할 팁 28가지

보면 고층건물을 철거하는 것처럼 힘없이 떨어진다. 떨어져 나온 바위 같은 얼음들은 바다 위에 떠다닌다.

알래스카 허버드 빙하는 크루즈에서만 볼 수 있는 장관이다. 경이로운 장면이다. 억겁으로 반복되는 자연의 조화 앞에 인간이 얼마나 미미한 존재인가 하는 생각을 해 본다.

epilogue

〈크루즈 여행 때의 모습 2〉

크루즈 여행 꼭 알아야 할 팁 28가지

오랫동안, 여러 번 크루즈 여행을 다니다 보면 한국 사람을 만나는 때도 있다.

알래스카 크루즈 여행을 할 때의 일이다. 여행의 마지막 날 한국인 노부부를 만났다. 그들은 영어도 못하고 아는 사람도 없어서 크루즈 여행을 곤욕스러워했다. 일주일 동안 말할 사람도 없다가 우리를 만나 이야기라도 하니 속이 시원하다고 했다.

나이를 보아하니 팔순에 가깝게 보이는데, 서울 서초구 서초동에서 산단다. 사위가 의사이고 아이들의 조기 유학으로 인해 딸이 밴쿠버에서 거주한단다. 딸, 손주들과 같이 크루즈 여행을 하기로 했는데 갑자기 서울 시어머니가 병환이 나서서 자식들이 급히 그리로 가는 바람에 노부부만 크루즈를 타게 됐다.

크루즈 여행을 어떻게 해야 할지 몰라 레스토랑에서 저녁도 못 먹어봤다고 했다. 안타까운 마음에 오늘 저녁은 일식집으로 모시려고 했으나 이미 저녁을 먹었다고 했다.

참으로 딱하다는 생각이 들었다. 효도가 불효가 될 수도 있다는 생각도 들었다. 여행은 다 즐거운 것으로 알았는데, 괴로운 여행도 있다는 사실을 알게 되었다.

캐리비언 크루즈 여행을 할 때의 일이다. 어느 부부가 늘 붙어 다니면서 한국말을 하기에 한국인인 줄 바로 알아보았다. 그들과 이런저런 이야기를 하다 보니 뉴저지(New Jersey)에서 식료품 가게를 하다가 아들에게 물려주고 은퇴한 부부임을 알 수 있었다. 애틀랜타(Atlanta) 조지아(Georgia)주로 이사 가기 전에 은퇴 기념으로 크루즈 여행을 해 보려고 왔다고 했다. 한국인이 많이 사는 LA로 가지 왜 애틀랜타로 가느냐고 물었더니 LA는 모든 게 비싸서 물가도 싸고 한국인도 많은 애틀랜타 조지아를 선택했단다.

그분들은 처음 경험하는 크루즈 여행이어서 그렇겠지만, 아무것도 모르는 것 같았다.

정장을 입고 만찬에 참석하는 날 저녁, 거의 식사가 끝나갈 무렵이었다. 그 부부가 사우나에서 갓 나온 차림으로 머리도 젖어 있고 짧은 바지 차림으로 레스토랑에 들어섰다. 당연히 문 앞에 서 있던 '헤드 웨이터'가 입장을 말렸다. 부부는 자신의 자리가 있다면서 들어가려고 했다. 빨리 저녁만 먹고 갈 거라고 했다. 웨이터는 난처하다는 표정을 지으며 머리를 긁적이고 있었다. 내가 얼른 나서서 비어있는 우리 테이블에 그분들을 앉게 했다. 그분들도 분위기를 눈치챘는지 부지런히 식사를 마치고 이내 돌아갔다.

크루즈 여행을 어떻게 즐겨야 하는지 그 방법을 잘 이해하지
못한 데서 벌어진 해프닝이다.

런던에서 발트해 크루즈 여행을 할 때의 일이다.

친정엄마와 딸 그리고 손녀가 함께 여행하는 가족 그룹을
만났다. 딸이 런던에서 살고 있는데 친정엄마가 와서 같이 여
행하는 중이라고 했다. 그들과 이야기를 나누다 보니 크루즈
여행은 처음이라고 했다. 크루즈 여행 내내 룸 투 룸(Room-to-
Room) 통화를 하면서 가이드 노릇을 톡톡히 한 일이 있다.

크루즈 여행은 누구나 처음 해 보는 여행이다. 처음 가는 길
은 늘 모르는 게 많고 불안하기 마련이다. 이런 걱정을 조금이
라도 줄이고, 크루즈 여행을 좀 더 알차고 재미있게 즐길 수
있도록 내가 아는 정보와 경험을 독자들에게 설명해 보기로
했다. 모든 여행은 미리 알고 떠나는 것이 좋다. 알면 아는 만
큼 편안하고, 도움이 되고, 절약도 할 수 있다.

이 책이 그런 면에서 크루즈 여행을 떠나거나 혹은 떠나고
싶은 사람들에게 큰 도움이 되기를 간절히 바란다.